超速でわかる！

図解

宇宙ビジネス

Super
Fast Guide
to Space
Business.

Katayama Toshihiro

片山俊大

すばる舎

最近、とくにこの数年、
さまざまなロケットや宇宙船が
続々と宇宙に打ち上げられるように
なってきました。

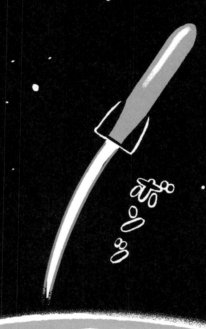

これって、どうしてなんでしょう?

実は、2020年代に入った現在、
宇宙は「サイエンス」だけでなく
「ビジネス」のフィールドとして
とらえられつつあります。

大量の人工衛星を宇宙に配置したり、
国際宇宙ステーションで映画撮影や
動画配信したり、
いろんなスタイルの宇宙旅行が選べたりと、

世界は今、
"新しい宇宙の使い方"を、
次々と開発しているのです。

いまや国家をもしのぐ
影響力とマネーを持つ、
テック界のビリオネアたちも、
続々と宇宙ビジネスに
参入しています。

でも、
宇宙旅行は、
彼らの目標のほんの
序の口。
ここからが
本番なのです。

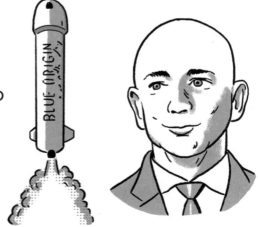

なぜなら、
宇宙には、
現在のビジネスや社会や
地球全体の課題解決の
答えがあるから！

実際、宇宙ビジネスの市場規模は急拡大しており、
これからその傾向はさらに加速していきます。

インターネット、ビッグデータ、
金融、農林水産、旅行、創薬、
資源エネルギーなど、

地上のさまざまな既存産業の
活動範囲が拡大し、
結果的に宇宙にまで
膨張するからです。

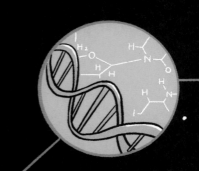

現在、世界の宇宙産業市場規模は
40兆円、2040年には
100兆円と言われています。

多くの人は
「さすがに、私には宇宙産業は、関係ない…」と
思うでしょう。

でも、あなたは、意識せずとも、
スマホやカーナビの位置情報、天気予報、衛星放送など、

生活やビジネスのさまざまなシーンで、
日常的に宇宙を使っているのです。

そう、
もうすでに、あなたの生活も
ビジネスも、「宇宙なしでは成
り立たない」時代なのです。

そんな大きな「時代の変化」。
私たちは、
これまでも経験してきています。

20世紀は、
「グローバル時代」。

20世紀、船舶と航空機の発展により、
多くの人類が国境を超えるようになりました。
それに伴い、国境を超えた市場・サプライチェーンが
生まれ、「グローバル時代」と呼ばれました。

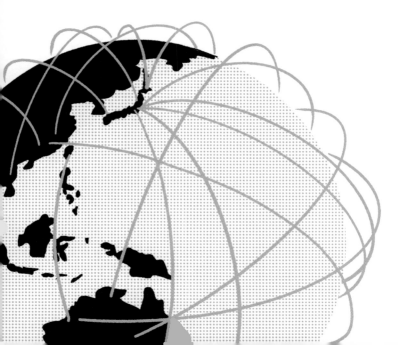

そして
21世紀は、
「ユニバーサル時代」。

21世紀、宇宙と地球の境界線（地上100km）を、
多くの人類が行き来し、大気圏を超えた
市場・サプライチェーンが生まれます。
それを、「ユニバーサル時代」と呼びます。

宇宙空間は国境も重力も存在しないため、
人類はこれから"ユニバーサルな世界"を
ゼロから設計していくのです。

宇宙ビジネスは、
日本の
産業構造的にも
地理的にも
ビッグチャンス。

日本はもともと
宇宙産業が強いだけでなく、
宇宙産業に転用可能な
技術や産業がたくさんあります。

日本は、"失われた30年"で、
さまざまな観点で
厳しい状況になってしまいました。
そんな中、実は宇宙ビジネスは、
日本にとって
最大のチャンスなのです。

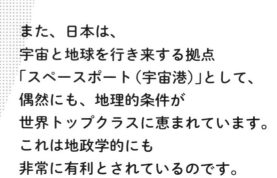

ビューッ

また、日本は、
宇宙と地球を行き来する拠点
「スペースポート（宇宙港）」として、
偶然にも、地理的条件が
世界トップクラスに恵まれています。
これは地政学的にも
非常に有利とされているのです。

宇宙

それは、私たちに残された、
最後のフロンティアなのかも
しれないのです。

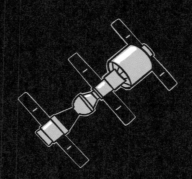

はじめに

　突然ですが、皆さん、"宇宙ビジネス"に興味はありますか？

　「うーん、あんまり。大事そうだけど、自分の仕事や生活とは直接関係ないし」

　「正直、興味ない。地球のことだけで精一杯です！！！」

　「そもそも宇宙ビジネスって……何？」

　こんな人が多いのではないでしょうか。実は私自身、つい数年前まで、自分とはまったく関係ないと思っていましたし、そもそも興味すらありませんでした。ましてや、こうやって宇宙関連の本を出版するなんて、想像もしませんでした。

　2015年頃、私はたまたま偶然、仕事で「資源エネルギー産業と宇宙産業を結びつけるプロジェクト」に携わることになり、その後さまざまな縁で、いつの間にか宇宙産業に深く関わるようになったのです。

　幼少期や青年期はかなり好奇心旺盛で、宇宙のこともそれなりに好きでした。しかし社会に出てからは、山積みする現実的な問題解決に追われ、そういったことへの興味や関心が、完全に失われてしまったのです。つまり、私は、宇宙に興味を持っていないのに、宇宙に関わるようになったという、宇宙業界においてはかなり珍しいタイプなのです。でも、そんな自分だからこそ、素直に驚いて皆さんにお伝えしたい発見が一つあります。

　「これからの、すべてのビジネスは、宇宙に通じている!!」

　宇宙に興味があろうがなかろうが、スマホやカーナビのGPS、衛星放送、天気予報、災害対応、農業、保険、金融にいたるまで、私たちの生活やビジネスの隅々にまで、すでに宇宙インフラが浸透しています。

　さらに今後は、人工衛星や人を宇宙に届ける、宇宙輸送ニーズが激増すると言われています。そのニーズの増加に連動して、その発着場所となる"宇宙港（スペースポート）"のニーズも増加します。

　もしも、あなたの地元にも宇宙港がやってきたら、宇宙港の関連産業のすそ野は広く、地元の産業インパクトは計り知れないものとなるでしょう。新幹線の駅や空港、大企業の移転などのインパクトを超えるものになると思います。

　少しイメージしていただけたでしょうか。要するに、宇宙に興味があろ

うとなかろうと、「もう、宇宙なしでは成り立たない」時代がやってきたのです。「もう、インターネットなしでは成り立たない」時代がやってきたように。だからこそ、"宇宙ビジネス"について知っておくことは、今後の世の中の大きな流れを把握するために欠かせなくなりつつあると私は思っています。とはいえ、

「宇宙って、難しそう」

「宇宙ビジネスって、意識高そう」

なんて人も多いと思います。でも、安心してください。皆さんが手に取ったこの本は、おそらく日本でイチバン簡単で、サクッと楽しく、宇宙産業の全体把握ができるようになっています。

実際、私は仕事を通じて、これまで何度も、宇宙とは無縁の人に宇宙ビジネスの説明をしてきました。その相手は、政府・自治体・非宇宙系企業・メディア・学生など多岐にわたり、宇宙に対する関心やロマンをあまり持っていない人がほとんどです。

彼らはいつも、「そもそもロケットって何してるの?」「そもそも人工衛星って何のためにあるの?」といった初歩的な質問を投げかけてきます。そんなとき、いつも私は"宇宙に無関心な人"の目線で説明するよう努めてきました。すると、しだいに皆の表情がほぐれ、楽しそうに話の続きを聞いてくれます。「関心のない人にも、関心を持ってもらうべく、伝える」。実はこれ、私の本業の"広告・PR"の仕事とも重なる部分でもあるのです。

そんなわけで、本書は「宇宙に無関心な人にこそ、宇宙に関心を持ってもらう」ことを最も重視しています。これまで宇宙業界と何の関係もなかった人が初めに手に取る1冊として最適です。「とりあえず1時間で知りたい!」そんな人にもお勧めです。1テーマ1見開きのイラスト図解で、"超速で宇宙ビジネスがわかる"ようになっています。

これから人類は、国境を超える「グローバル時代」から、大気圏を超える「ユニバーサル時代」へと移行します。本書が、来るべき「ユニバーサル時代」の入門書として、一人でも多くの方々の一助になることを願っています。

2021年10月10日

片山俊大

プロローグ··········3

はじめに··········18

第 **1** 章　人類、宇宙へと向かう
大国どうしの争いで宇宙開発が加速

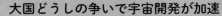

1 すべては"本気で妄想する"ことから始まった ［19世紀末〜］ ··········28
宇宙開発は、SF小説に影響を受けた科学者たちが、夢の実現に向けて動き出したことで、本格的にスタートしました。

2 人類が初めて宇宙に飛ばしたのは"ミサイル"だった ［第二次世界大戦〜］ ··········30
第二次世界大戦中、ドイツ軍が莫大な予算をつぎ込み、兵器「弾道ミサイル」としてロケットを開発。

3 宇宙開発競争のはじまり〜先手先手のソ連〜 ［冷戦1950年代〜］ ··········32
冷戦下、米国とソ連で宇宙開発がスタート。軍事とプロパガンダの競争で、宇宙開発が加速しました。

4 宇宙開発競争の激化〜米国の逆襲〜 ［冷戦1960年代〜］ ··········34
ソ連に先を越されるなんて! 絶対に負けられない米国は、莫大な予算と技術を投下し、有人月面着陸に成功します。

5 宇宙開発競争の転換 〜次はいずこへ?〜 ［冷戦1970年代〜］ ··········36
有人月面着陸に成功し、米ソ宣伝合戦は収束。大きな目標を見失った両国の宇宙開発は、新たな方向を模索します。

6 冷戦から一転、平和利用となった国際宇宙ステーション(ISS) ［冷戦1970年代〜終結］ ··········38
70年代以降も、米ソは「宇宙ステーション」の開発を競いましたが、結局ソ連が崩壊し、世界共同開発へと発展します。

7 宇宙開発競争ふたたび!? 〜米中の対立〜 [2020年代〜] ································ 40

中国の台頭で、米国中心の自由主義陣営と中国共産党による宇宙開発競争に突入!? 宇宙ビジネス急成長の新たな原動力に!

Column 教えて! 宇宙の仕事1 宇宙飛行士 山崎直子 ································ 42

第2章 宇宙開発、新たなステージへ
洋の東西・官民を問わず

8 NASAがお手本!? これからは宇宙民営化の時代 ································ 46

すでに解明が進んだ地球付近の開発は民間へ。米国を中心に、宇宙産業には「NewSpace」と呼ばれる新たな潮流が生まれています。

9 軍事から民間へ。宇宙ビジネスの基盤、「人工衛星」 ································ 48

スプートニク1号から始まった衛星事業。軍事はもちろん、通信・放送、気象予報、観測、測位など、多種多様な用途があります。

10 今後はエンタメにも門戸開放!?「宇宙ステーション」 ································ 50

現在、さまざまな科学実験を行うISS。今後は、映画スタジオや宇宙ホテルといった、ビジネスの方面にも活用される予定です。

11 これから、「月」はどうなるの? ································ 52

「アポロ計画」の終了から約50年。米国NASAを中心とした「アルテミス計画」で、2024年、ふたたび人類は月面に向かいます。

12 これから、「火星」はどうなるの? ································ 54

太陽系の他の惑星に比べて地球に近い環境、火星。2030年代以降、人類が長期滞在できるように模索が始まっています。

13 これから、宇宙はみんなのもの! ································ 56

たとえば、宇宙の環境ゴミ問題。宇宙のSDGsとして、重要なビジネスであり、世界に先駆けて日本の民間企業が活躍しています。

14 賞金コンテスト「Xプライズ」とは何か? ································ 58

宇宙ビジネスを加速させるための大イベント。サブオービタル飛行や月面探査への民間企業参入などを後押ししています。

Column 教えて! 宇宙の仕事2 宇宙投資家 青木英剛 ································ 60

15 こんな棲み分けで、宇宙ビジネスが盛り上がる 64
近くの宇宙は、「民間の仕事」。遠くの宇宙は、「政府の仕事」。米国をお手本に、この流れが今後は各国に浸透していきそうです。

16 「宇宙インターネット」とは？ 66
地上や海底にケーブルを敷かなくても、衛星インターネットがあれば、国境を超えたブロードバンド・インターネット網が実現。

17 「宇宙ビッグデータ」とは？ 68
常時地球をモニタリングし、農業・漁業・マーケティング・金融・不動産など、さまざまな用途にデータを活用。

18 「宇宙工場」とは？ 70
創薬・新薬開発、特殊合金、半導体映像、バイオ 3D プリンティングなど、宇宙は無重力環境を活かした最先端の工場になる！

19 「宇宙資源エネルギー」とは？ 72
人類の経済活動の根源は、資源エネルギー。各国が地球レベルでしのぎを削ってきた産業が、いよいよ宇宙レベルの産業になります。

20 「宇宙旅行ビジネス」とは？ 74
2021 年に入って、リチャード・ブランソン、ジェフ・ベゾス、その後、日本の前澤友作氏を含め、民間人が続々宇宙に出発！

21 「宇宙輸送ビジネス」とは？ 76
テレビなどで大々的に報じられるロケット発射シーン。たいてい、ISS に人や物を運ぶか、宇宙に人工衛星を運ぶかのどちらかです。

22 「宇宙マネー」とは？ 78
ビリオネア・ベンチャーキャピタル・金融機関による投資、保険会社による宇宙損害保険、衛星金融など、ビッグマネーが動き出す！

23 百花繚乱！ さまざまな宇宙ビジネス 80
サイエンスやテクノロジーの業界じゃなくたって OK！ これからは衣食住はじめ、あらゆる業界が参入するチャンスです。

Column 教えて！宇宙の仕事3　宇宙弁護士　新谷美保子 82

第 **4** 章　宇宙ビジネスには、どんなプレーヤーがいるの?
大企業からスタートアップまで、続々参入

24 宇宙産業の基本プレーヤー（LegacySpace）──────────── 86

従来の宇宙ビジネスは、衛星とそれを飛ばすロケットがメイン。長らく経験豊富な数少ない巨大企業が担ってきました。

25 急拡大する宇宙ベンチャー（NewSpace）──────────── 88

ビッグマネーが流れ込み、大きな産業へと拡大する欧米宇宙ベンチャー。個性と発想で、独特のポジションを獲得する日本勢。

26 通信・放送衛星のビジネスとプレーヤー ──────────── 90

船舶・航空機、災害時の通信や緊急時の通話、BS・CS などの衛星放送など。日々の生活に欠かせないサービスを提供。

27 測位衛星のビジネスとプレーヤー ──────────── 92

グーグルマップやカーナビなどに位置情報を提供。自動運転をはじめ、さまざまな分野に応用可能です。

28 地球観測衛星のビジネスとプレーヤー ──────────── 94

気象・災害・農林水産業・資源探査など地上をモニター。今まで思いも寄らなかった知見が得られる可能性大!

29 近年急成長! 衛星コンステレーションのビジネスとプレーヤー ──── 96

「コンステレーション」は星座という意味。これからの通信やリモートセンシングで活用が期待される高性能の衛星技術です。

30 ロケット & スペースプレーンの進化は日進月歩 ──────── 98

スペースシャトルの引退で、ISS 輸送はロシアのソユーズのみに。そんな中、米国の民間企業がロケット製造に立ち上がりました!

31 ロケット産業のプレーヤー ──────────── 100

ロケット & スペースプレーン。今後は民間の参入で、伝統的な巨大企業から新興ベンチャーまで、群雄割拠の時代が訪れます。

32 EV、自動運転、IoT、AI…産業の転換に宇宙を取り込め! ──── 102

これからのビジネスは、技術「開発」だけでなく、技術「転用」も重要。宇宙産業は、日本にとっても大きく変わるチャンスです。

Column 教えて! 宇宙の仕事4　宇宙事業プロデューサー　高田真一 ──── 104

第 5 章

日本⇔宇宙を結ぶ「宇宙港」。
最高にイケてる街づくり!
地上の一大産業拠点、それが宇宙港

33 宇宙港（スペースポート）とは何か? ·················108

宇宙と陸をつなぐところ。それが、"宇宙港（スペースポート）"。ロケットやスペースプレーンの離発着場のことです。

34 いつの時代も、港（ポート）は国の最重要拠点! ·················110

21世紀、ビジネスの拠点は、「港（ポート）」→「空港（エアポート）」→「宇宙港（スペースポート）」の時代へ!

35 徹底チェック!! 世界の宇宙港と日本の宇宙港 ·················112

社会インフラの最前線としての宇宙港。各国は、覇権を争うように、急ピッチで建設へと向かっています。まさにそれは、"宇宙地政学"!

36 こんなに大きい宇宙港の産業波及効果! ·················114

宇宙港（スペースポート）は今後、港や空港と同様に、街づくり・産業づくりの中心に。地上のあらゆるビジネスが変わる!?

37 "温泉×宇宙"の国際都市! スペースポートシティ@大分 ·················116

湧出量世界一の温泉と宇宙がコラボした、国際観光都市。ここから宇宙に向けて、小型衛星を飛ばす事業が始まろうとしています!

38 世界一美しい宇宙港! スペースポートリゾート@下地島 ·················118

サンゴ礁とコバルトブルーの海に囲まれた"絶景リゾート型スペースポート"で、"リゾートと宇宙のハイブリッド旅行体験"が可能に。

39 "宇宙版シリコンバレー"を目指す! 北海道スペースポート@大樹町 ·················120

十勝・大樹町の大地で、垂直＆水平統合型スペースポートとして整備が進む。将来は宇宙関連産業が集積する一大拠点に発展!?

40 NYもロンドンも50分以内!? 都市型スペースポート ·················122

宇宙に人や物を運ぶだけじゃない! 地上のどこかに超高速で移動や輸送を行えば、たちまち経済・文化の中心地に!

Column 教えて! 宇宙の仕事5 宇宙エアライン 鬼塚慎一郎 ·················124

第6章 宇宙旅行ビジネス、ついに本格稼働！
アフターコロナ時代のツーリズム

41 富裕層の海外旅行は、
航空機から宇宙船へ［2020年代～2030年代］ 128

「え!? まだ大気圏の中を飛んでいるの？ それ、遅くない？」。高速二地点間輸送で、旅行・出張の距離感は大きく変わります。

42 宇宙旅行パッケージ「サブオービタル飛行（弾道飛行）」［2021年～］ 130

数分間の宇宙体験を行う、超速旅行！ 老若男女が楽しめる、宇宙体験型"超ハイスペックなアトラクション"です。

43 宇宙旅行パッケージ「宇宙ホテル滞在旅行」［2022年以降］ 132

絶景を楽しむ、無重力を体験する、小さな重力アトラクションを堪能する…etc。宇宙ホテルで、最高の旅行体験を！

44 宇宙旅行パッケージ「月周回旅行」［2023年以降］ 134

トップバッターは、ZOZO創業者、前澤友作氏の予定。月を周回する全行程5日間の本格的な宇宙旅行に出発!!

45 宇宙エレベーターができれば、移動はラクラク！［2050年以降］ 136

もしも実現すれば、地球と宇宙の往復が劇的に簡単に！ 人工衛星も宇宙船も、ここから投入することが可能になります。

Column 教えて！宇宙の仕事6　宇宙船研究　田口秀之 138

おわりに 140

索引 142

参考文献 144

第 1 章

人類、
宇宙へと向かう

大国どうしの争いで
宇宙開発が加速

まずは初めに、宇宙ビジネスの成立に欠かせない、宇宙開発の流れについて、ザックリご紹介していきます。

「いつか宇宙に行けたらいいな」。長年、多くの人が抱いてきた夢やロマンは、20世紀、皮肉にも大国の軍事マネーで実現することになります。

1

すべては"本気で妄想する"ことから始まった

宇宙開発は、SF小説に影響を受けた科学者たちが、夢の実現に向けて動き出したことで、本格的にスタートしました。

🧠 魅力的なSF（サイエンス・フィクション）の登場

これまで、人類にとって神話や空想の世界だった"宇宙の旅"を、ジュール・ヴェルヌが"科学的空想"として小説化。この"本気の妄想"をキッカケに、人類は宇宙開発に本気で取り組むことになります。

『地球から月へ』ジュール・ヴェルヌ（仏）1865年

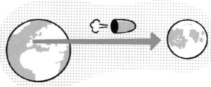

De la Terre à la Lune

人が大砲に乗って、月を周回して地球に戻る物語。現代の宇宙開発や惑星探査に大きな影響を与えました。

🔭 そんな"科学的妄想"がついに実現!

　人類の宇宙に行く夢は、いずれも"変わり者"とされていた人物たちによって、実現に向けて動き出しました。

『宇宙旅行の父』ツィオルコフスキー（露）1897 年

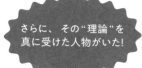

そんな"妄想"を真に受けた人物がいた!

SF 小説家でもあったロシアの科学者、ツィオルコフスキーが、1897 年に「ロケットの公式」を発表。これにより、理論的には人類は宇宙に行けることになりました。

さらに、その"理論"を真に受けた人物がいた!

『ロケットの父』ゴダード（米）1926 年

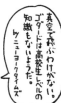

1926 年、アメリカの発明家ゴダードが、ついに液体燃料ロケットを打ち上げ!わずか飛行時間 2.5 秒、到達高度 12m でしたが、今日のロケット技術の基礎を築きました。

　「人間が想像できることは、人間が必ず実現できる」。ヴェルヌが残したこの言葉の通り、宇宙旅行の夢は、周囲にバカにされながらも、"妄想"を信じた科学者たちの探究によって、その一歩を踏み出したのです。

2

人類が初めて宇宙に飛ばしたのは "ミサイル" だった

第二次世界大戦中、ドイツ軍が莫大な予算をつぎ込み、兵器「弾道ミサイル」としてロケットを開発。

戦時中、ドイツで「V2 ロケット」完成

ドイツの天才フォン・ブラウンは、ロケット工学者オーベルトの影響を受け、ロケット開発を開始。宇宙空間に到達するための研究には莫大な資金が必要で、ドイツ軍の資金提供により、V2 ロケットを開発しました。

宇宙経由で飛ばすことに成功

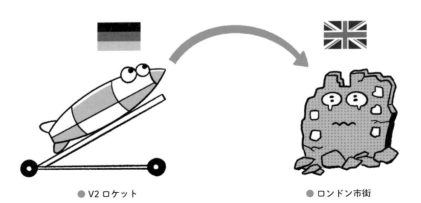

● V2 ロケット　　　　　● ロンドン市街

戦後、米ソにロケット工学の優秀な人材が流出

フォン・ブラウンは、その後も米国へと渡って研究を続け、人類初の月面着陸「アポロ計画」に貢献します。また、その一部スタッフは、ソ連へと渡り、ソ連の天才コロリョフによってV2技術が引き継がれることになりました。

人類初の「月面着陸」

ドイツ敗戦後
フォン・ブラウンは
米国へ亡命

● フォン・ブラウンとスタッフ

● アポロ計画

冷戦スタート
＋
核開発と宇宙開発競争

人類初の「人工衛星」と「有人飛行」

一部スタッフは
V2設計図とと
もにソ連へ。セ
ルゲイ・コロリョ
フと合流。

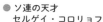

● ソ連の天才
セルゲイ・コロリョフ

● スプートニクと
ガガーリン

このように、戦時中に進化したロケット工学は、その後も2大強国である米ソで発展し、両国は、冷戦時代の軍事・科学技術において主要な役割を担うことになります。

3

宇宙開発競争のはじまり
〜先手先手のソ連〜

冷戦下、米国とソ連で宇宙開発がスタート。軍事とプロパガンダの競争で、宇宙開発が加速しました。

💬「衛星」で、宇宙から敵国を威嚇!?

　1957年、ソ連による人類初の人工衛星「スプートニク1号」が地球の周回軌道へと投入され、全世界に衝撃を与えました。とくに米国は、「まさかソ連に先を越されるとは!!」という衝撃と、宇宙からの監視＆核爆弾投下可能性の恐怖に陥りました。

これが「スプートニク・ショック」だ！！

地球をグルグル回って電波を発信するスプートニク1号

地球を回ってるウソでしょ…

核爆弾を落とされるかも…

ソ連に負けるとは信じられない…

上空からソ連に監視される

米国まさかの敗北!!

先を越したソ連、さらに「有人の宇宙飛行」に成功

さらに 1961 年、ソ連は、ユーリ・ガガーリンを乗せたボストーク 1 号で、人類初の有人宇宙飛行を成功させます。ガガーリンは、地球を 1 周した後、大気圏に再突入し、高度 7000 m でカプセルから射出され、パラシュートで着陸して無事帰還しました。

ボストーク 1 号による 108 分の地球周回

世界中で歓迎されるガガーリン

ガガーリンはその後、人類の英雄として世界中を訪問、ソ連の国力をアピールしました。これによって焦った米国は、さらなる宇宙開発競争と、「アポロ計画」へと突き進むこととなります。

4

宇宙開発競争の激化
〜米国の逆襲〜

ソ連に先を越されるなんて！絶対に負けられない米国は、莫大な予算と技術を投下し、有人月面着陸に成功します。

ケネディ大統領、「アポロ計画」を発表

ソ連の成功に焦った米国は、起死回生の逆転を狙い、1961年、ケネディ大統領が「10年以内に人間を月に到達させる」と声明を発表しました。この「アポロ計画」は、莫大な国家予算（合計約250億ドル）と40万人の人材を投じて推進されます。

● ケネディ大統領のライス大学演説

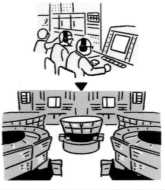

このとき科学技術立国の下地が整った

「アポロ計画」で培った技術から、コンピュータ業界や金融工学が生まれ、米国は、その後の世界のイノベーションの牽引役になりました。

💡 そしてついに、人類、月に行く!

　1969年、ニール・アームストロングとバズ・オルドリンを乗せたアポロ11号は、人類初の月面着陸に成功。約2時間15分を船外で過ごし、21.5kgの月物質を採取して地球に持ち帰りました。

月面に降り立つ米国宇宙飛行士

「月の石」は
1970年大阪万博
でも展示!

高度なメディア戦略で米国の優位性をアピール

一人の人間にとっては小さな一歩だが人類にとっては大きな飛躍である

　この様子は、全世界へと生中継され、世界中の6億人（当時の世界人口の5分の1）が視聴しました。これにより、ソ連に打ち砕かれた米国の威信は見事に回復したのです。

5

宇宙開発競争の転換
〜次はいずこへ？〜

有人月面着陸に成功し、米ソ宣伝合戦は収束。大きな目標を見失った両国の宇宙開発は、新たな方向を模索します。

💡 予算削減で大きく方針を見直し

アポロ11号以降、米国は6回の有人月面着陸に成功しましたが、徐々に国民の関心が薄れ、1972年アポロ計画は打ち切りになりました。国力が落ち始めたソ連も、これ以上米国に対抗することができず、自由主義 VS 共産主義という構図の宇宙開発戦争は収束。しだいに予算も削減され、両国の宇宙開発は大きく方向転換を迫られます。

① 惑星探査…月より遠くへ。ただし"無人"で

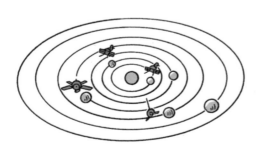

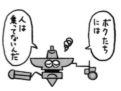

フロンティア精神は、ひたすら遠くの惑星を目指す方向へ。1960年代の月面開発競争後の1970年代は、火星、木星、金星、水星、土星へと到達しましたが、それらはすべて無人探査。このため、アポロ計画のような熱狂を生むことはありませんでした。

● さまざまな無人探査機

マリナー9号：火星
パイオニア10号：木星
マリナー10号：金星、水星
ヴォイジャー1号/2号：木星、土星、天王星、海王星

② 宇宙ステーション…"有人"で「遠くの探査」より「近くの開拓」

● ソ連のサリュート１号

有人月面探査を断念したソ連は、宇宙ステーションに可能性を見出し、1971年、人類初の宇宙ステーションを打ち上げ、米国もそれに続きました。宇宙ステーションは、人が長期滞在して科学実験や人工衛星放出などを行うところです。

③ スペースシャトル…多目的で再利用もOK。目指せ! コスパUP!

● ハッブル宇宙望遠鏡を運ぶ etc...

● 国際宇宙ステーション(ISS)に人や物を運ぶ etc...

さまざまな用途に活用できて再利用された宇宙船「スペースシャトル」。宇宙での中期滞在ができ、科学実験、人工衛星の運搬と修理、国際宇宙ステーションの建設など、いわば宇宙の何でも屋です。再利用によりコスト削減を目指しましたが、予想以上にメンテナンスが大変で、むしろコスト増ということが判明。2度の悲惨な事故を経て、2011年が最後のフライトになりました。

　1960年代のように、人類が一つの大きな目標に向かうことはなくなりましたが、巨大化した宇宙産業はとどまることなく、さまざまな方向に進化していったのです。

6

冷戦から一転、平和利用となった国際宇宙ステーション(ISS)

70年代以降も、米ソは「宇宙ステーション」の開発を競いましたが、
結局ソ連が崩壊し、世界共同開発へと発展します。

💡 米ソの宇宙開拓、対立から協力へ

　アポロ計画の後、米ソは宇宙ステーションの建設に乗り出し、宇宙
開発を続けました。ところが、国力ならびに経済が停滞するソ連と、
ベトナム戦争で疲弊した米国は、徐々に対立が薄れ、むしろ宇宙で協
力体制を敷くようになります。

宇宙ステーション開発の歴史

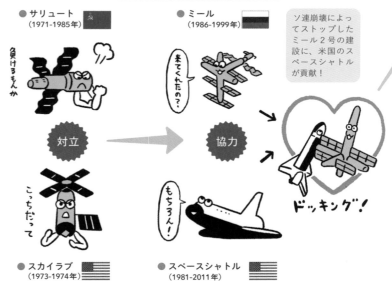

● サリュート
(1971-1985年)

● ミール
(1986-1999年)

ソ連崩壊によってストップしたミール2号の建設に、米国のスペースシャトルが貢献!

来てくれたの?・

負けるもんか

対立 → 協力

もちろん!

ドッキング!

こっちだって

● スカイラブ
(1973-1974年)

● スペースシャトル
(1981-2011年)

平和の象徴、国際宇宙ステーションの誕生!

　1984年、レーガン大統領が「人が滞在できる宇宙基地建設」を発表。その後、カナダ・ヨーロッパ諸国・日本が参加を表明、さらにソ連崩壊後のロシアもウルトラCで引き入れて、日本も含め15カ国が協力し、1998年〜2011年にかけて建設されました。

団結

● 国際宇宙ステーション：ISS（1998年〜現在）

中国は
独自路線

　こうして、アポロ計画以降の有人宇宙プロジェクトは、宇宙ステーションと地球を行き来する範囲の開発となりました。しかし、そうこうするうちに、やがて宇宙開発に新たな変化が訪れるのです。

7

宇宙開発競争ふたたび!?
〜米中の対立〜

中国の台頭で、米国中心の自由主義陣営と中国共産党による宇宙開発競争に突入!? 宇宙ビジネス急成長の新たな原動力に!

🌏 中国の台頭で覇権争いが再燃?

　長年、宇宙開発競争を続けてきた米露。しかし、近年では中国もまた国力をつけ、独自路線で台頭してきました。米国の新たなライバルとなりつつあり、競争がふたたび激化しそうです。

① これからの国防と宇宙開発の要!?

2019 年、ついに米国宇宙軍が創設。中国の宇宙開発は、そもそも人民解放軍が中心。

● 米国宇宙軍

宇宙軍
2010 年代後半

● 中国宇宙軍

ロケットと弾道ミサイルの基本構造は同じ、測位衛星は無人爆撃機や迎撃ミサイルを操作し、観測衛星は地上の動きをモニタリングしています。「宇宙を制するとは、戦争を制すること」とも言われています。

② 自由主義連合VS中国共産党の戦い?

現在、米国などで運用の ISS は、2024 年以降の運用は未定。映画撮影やホテルなど、民営化の可能性が高まっています。

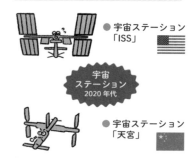

● 宇宙ステーション「ISS」

宇宙ステーション
2020 年代

● 宇宙ステーション「天宮」

一方、2022 年、中国の宇宙ステーション「天宮」が完成し、中国による宇宙長期滞在が実現する予定です。

③ 月面開発競争の再来。今回は、基地建設

米国を中心とした諸国（日本・UAE 含む）は、2024 年の「アルテミス計画」でふたたび有人月面着陸を予定。月周回宇宙ステーションと月面基地の建設を目指します。また、月の氷から水や水素を取り出し、生活や燃料に活用。火星までの燃費を劇的に下げることも狙っています。

④ ついに人類は火星に到着!? 移住計画も

太陽系内で地球に比較的環境が近い火星には、スペースX社やUAE政府などの、都市建設・移住計画があります。アルテミス計画で、月を燃料補給基地とし、火星との効率的な行き来を促進する、いわば"月と火星の一体開発"を進める予定です。

● アルテミス計画

有人月開発 2020 年代

● 無人探査機「嫦娥5号」

> ボクたちも来たよ♥

一方、中国もすでに、無人探査機が月に到達し、月のサンプルを持ち帰ることに成功。次は有人月面着陸を目指し、米国側を確実に追い上げてくることになります。

● 火星探査計画

有人火星探査 2030 年代

● 無人探査機「天問1号」
（火星探査車「祝融号」）

> まずはいろいろ調べなくちゃ

2021 年、米ソに続き、中国も火星に探査機を送り込むことに成功。今後、火星の開発にも進出の可能性大です。

　アポロ 11 号による有人月面着陸から半世紀以上経ちましたが、米ソ冷戦終結によって、人が月面に行く理由は失われてしまいました。しかし、米中対立が激化する 2020 年代〜 2030 年代は、ふたたび月面、さらには火星の有人開発へと突き進むことになるでしょう。

教えて! 宇宙の仕事 ①

山崎直子　　　宇宙飛行士

やまざき なおこ　東京大学大学院工学系研究科修士課程を修了後、NASDA（現・JAXA）職員を経て、1999年、国際宇宙ステーション（ISS）に搭乗する宇宙飛行士の候補者に選ばれる。2010年4月、スペースシャトル・ディスカバリー号によるISS組立補給ミッションに参加。現在は、内閣府の宇宙政策委員会委員や大学客員教授などを務める。自らの宇宙飛行における訓練や運用に関する経験を踏まえ、宇宙ビジネスの振興にも携わっている。

Q 宇宙飛行士って、つまりは宇宙船のパイロットのことなのでしょうか?

A 宇宙飛行士とは、一般に、宇宙に行って仕事をする人のことを指します。最近の宇宙船は自動運転でコントロールされることも多いので、通常は自ら操縦することはあまりなく、宇宙船の様子をチェックしつつ、非常時の対応に備えることになります。宇宙飛行士は、いわば、"宇宙における、何でも屋"です。現在の宇宙飛行士の仕事は、国際宇宙ステーション（ISS）の増改築やメンテナンス、科学実験、衛星の宇宙空間放出など、多岐にわたります。ちょっと昔になりますが、月面周回や月面着陸、ハッブル宇宙望遠鏡の修理、ISSの宇宙空間上での組み立てなど、非常に難しいミッションも行っています。

Q 本当にさまざまなんですね。ザックリ言うと、どんなパターンの仕事に分けられますか?

A いろんな分類があるため一概に言えませんが、私の乗ったスペースシャトルの場合は、「コマンダー」と「ミッションスペシャリスト」と「ペイロードスペシャリスト」の職域に分けられていました。「コマンダー」とは船長のことで、ランデブーやドッキング、着陸などの際の、スペースシャトルの操縦の責任者です。「ミッションスペシャリスト」は、科学実験を行うとともに、ISSの増改築やメンテナンス、衛星の宇宙空間への放出、それらプロセスに必要となるロボットアーム操縦や船外活動などを行います。いわば、"宇宙の建設作業員"といったところでしょうか。とくに、船外活動は、ISSの外に出て、太陽光パネルの取り付け、モジュールどうしの配管の取り付け、宇宙デブリ衝突による穴の修復など行うため、"宇宙のとび職"といったイメージです。「ペイロードスペシャリスト」は、宇宙空間の特性を活かした実験を行う専門家です。医療・創薬関連の実験や、新素材開発の実験など、無重力だからこそできる実験を行う、宇宙空間の研究者です。こういったさまざまなミッションを、それぞれの宇宙飛行士が、かけもちで同時に推進していくのです。

column

Q 山崎さんは、宇宙ではどのようなお仕事をされたのですか？

A 私は「ミッションスペシャリスト」として、ISS に新しい補給モジュールを取り付けるための、ロボットアームの操作を担当しました。補給モジュールとは、ISS に必要なさまざまな補給物資を入れる大型バス1台分の円筒形のモジュールです。

Q このお仕事の、醍醐味はどんなところでしょう？

A 宇宙に行くことで、逆に、地球の美しさや素晴らしさを痛感したことです。実際に宇宙から見た地球は本当に素晴らしくて強烈です。写真や映像を観るのと、実際に体感するのとでは、大きく異なります。漆黒の闇の中に浮かぶ地球は、まるで一つの生命体のように生き生きと輝いています。そして、その美しい地球と客観的に向き合っている私の視点。これは、理屈でわかるというよりも、感じる。そういったことが、ストーンと腑に落ちるような、独特の感覚なのです。また、地球に戻ってきたときに実感する、重力、そよ風、植物の匂い。ふだん私たちが当たり前だと思っている地球の環境が、こんなにも素晴らしくて愛おしいものだったのかと、実感するのです。外国を訪問し日本に帰国することで、日本の良さを再発見することってありますよね。それと同じで、宇宙に行くことで、地球の素晴らしさを再発見することができるのです。

Q 今後のこのお仕事の展望についてお願いいたします。

A 宇宙旅行者も含め、宇宙飛行士になる人は、これからますます増えます。民間企業による宇宙旅行者も増えていきますし、JAXA は今後定期的に宇宙飛行士の募集を行います。

そして今後の行き先は、ISS のみならず、月や火星も含まれます。これまでの宇宙飛行士は、軍人・エンジニア・科学者など、限られた人材が中心でしたが、これからは、文系も含めて多種多様な人たちが求められていくでしょう。今後は、宇宙空間・月・火星に村を創るために、医者、エンジニア、研究者、農業従事者、運送業者、建築家、先生、保育士、料理人、ホテルマンなど、さまざまなプロフェッショナルが必要となります。兼業宇宙飛行士として、本業で医者や先生をやりながら、副業で宇宙飛行士となる人も出てくるでしょう。このようにして、誰でも宇宙に行く時代になると、宇宙がもはや特別な場所でなくなり、結果として、"宇宙飛行士"という職業名はなくなっていくかもしれません。

Q 読者の方へのメッセージをお願いします！

A このようにして、さまざまな職業の人が宇宙に行く時代が、もう目の前に来ています。なので、きっと、皆さんの今の仕事や活動の専門性を宇宙でも活かすことができるでしょう。宇宙に行くと、上と下という概念がなくなり、上から下を見下ろすということができません。また、宇宙には、国境という概念もありません。地球上のさまざまな業界の専門性を宇宙空間で進化させ、進化した専門性を地球に持って帰れば、世の中に良い循環をもたらすことができると思います。これから、地球上のさまざまな難題を解決するためにも、ぜひ、皆さん、宇宙をお仕事の範囲に含めてワクワク発想してみませんか？

第 2 章

宇宙開発、
新たな
ステージへ

洋の東西・
官民を問わず

大国どうしの対立で急速に発展した宇宙開発ですが、冷戦終結後は平和利用が進むことになります。21世紀に入り、地球の環境問題や社会課題の解決から、新しいビジネスの創出まで、今後はより多くの人や組織に門戸が開かれ、宇宙の活用が進んでいきます。

8

NASAがお手本!?
これからは宇宙民営化の時代

すでに解明が進んだ地球付近の開発は民間へ。米国を中心に、宇宙産業には「NewSpace」と呼ばれる新たな潮流が生まれています。

🔆 民間参入で、ヒト・モノ・カネを回せ

　これまでの宇宙産業は、政府が「開発・実験・本番」のすべてを担ってきました。しかし、2010年代以降の米国は、地球付近を中心に、「開発」の段階から民間に大きく任せる方向に大きく舵を切りました。これによって、宇宙ビジネスの民営化が一気に進むことになったのです。

以前の宇宙プロジェクトは国家主導

● 政府機関

開発 ▶ 実験 ▶ 本番

こんな仕様でよろしくお願いします

NASA

● 民間企業

かしこまりました！

NASAがすべての費用を払って、NASAがロケットなどの開発、実験、本番を行う。

2010年以前は、アポロ計画はもちろん、惑星探査や、ISS、スペースシャトルの事業も政府主導で行われていました。

💡 公共事業からビジネスへ上手に移行

　民間企業が宇宙に進出するといっても、政府のお金と知恵は欠かせません。米国では、初期の開発段階にしっかり政府予算をつけて、企業をサポート。完成後は、政府が顧客となって"サービスを購入"する仕組みが、つくり上げられています。

近年は民間主導の宇宙ビジネスを育成

● 政府機関　　● 民間企業

たとえば…

開発
ようしく

DARPA（国防高等研究計画局）が費用を払って、民間が新しい技術の開発にチャレンジ。

実験
あらら

NASAが半分近く費用（補助金）を払って、民間企業が投資＆ロケットを開発して、実験。

本番
まかせといて・できるで・

NASAが顧客となって、民間企業に利用料を払って本番のロケット輸送サービスを購入。

お世話になりました

政府機関以外の新たな顧客も！

　「インターネット」は、米国政府が軍事目的でつくり上げた仕組みですが、民間に開放することで、現在の米国の基幹産業となりました。「宇宙産業」も同じ道をたどり、いよいよ民間主導で産業を発展させていく流れがやってきたのです。

9

軍事から民間へ。宇宙ビジネスの基盤、「人工衛星」

スプートニク１号から始まった衛星事業。軍事はもちろん、通信・放送、気象予報、観測、測位など、多種多様な用途があります。

宇宙産業のメイン。多くの企業が参入

　宇宙産業といえば、華々しいロケット打ち上げのイメージが強いと思います。しかし、そのロケットで宇宙に運ばれている「人工衛星」こそ、まさに重要！ 私たちの暮らしに欠かせない「実用的なツール」であり、多くの民間が参入している分野です。

月をマネしてつくられた「人工」の衛星

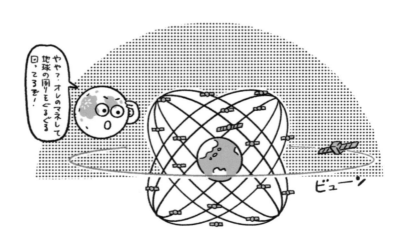

用途もさまざま、ざっくり3タイプ！

人工衛星は、地球付近の事業として、民間にもどんどん開かれている分野です。軍事、公共、民間と、その活用範囲は広く、用途によって、主に以下3つのタイプがあります。

通信・放送衛星

通信や放送を行う衛星。宇宙を経由した電波のやりとりで、地上の通信・放送に比べ圧倒的に広い領域をカバー。ちなみに日本初の衛星放送は偶然にもケネディ暗殺事件。

地球観測衛星（リモートセンシング衛星）

光や電波を使って地球上を観測する衛星。軍事施設の監視・攻撃等「軍事利用」から、天気予報、地図作成、大気・海水状態チェック、資源エネルギー探査等「平和利用」まで。

測位衛星

GPSで有名な測位衛星。もともとはミサイル誘導などの軍事目的で開発。現在は、グーグルマップやカーナビ、航空機・船舶等への位置情報提供などに活用。

おまけ 惑星探査機

今のところ各国政府の打ち上げが主体。目的の天体の軌道上から無人探査を行う。近年は「はやぶさ」のように、天体に着陸してサンプルを持ち帰るタイプもある。

近年では、異業種からの衛星製造・打ち上げ事業の参入も始まり、今後も大小さまざまな民間ビジネスが生まれていくことになるでしょう。もちろん、そこから得られるデータの活用については、ほぼあらゆる業種に参入や利用のチャンスが考えられます。

10

今後はエンタメにも門戸開放!?「宇宙ステーション」

現在、さまざまな科学実験を行うISS。今後は、映画スタジオや宇宙ホテルといった、ビジネスの方面にも活用される予定です。

💬 そもそもは実験や開発を行うところ

宇宙に人が長期滞在するための施設が「宇宙ステーション」です。現在運用中の、国際宇宙ステーション（ISS）は、地球をグルグル周回（1周90分）しながら、さまざまな科学実験や、人工衛星の軌道投入などを行っています。無重力の特性を活かした新薬開発や半導体等の新素材開発など、最先端の研究に貢献しています。

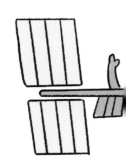

宇宙ステーションでの主なミッション

● 科学実験 ● 人工衛星の軌道投入

● ステーションの組立、運搬、補修・改築

特別な訓練を受けた宇宙飛行士が、ステーションに滞在し、ミッションを遂行しています。

🌐 ISSはこの先、民間ビジネスに転用

　ISSは参加各国からの予算で2030年まで運用を続ける予定ですが、一部では民間による商業利用も始まっています。今最も注目されている商業利用は、民間人のISS滞在で、映画の撮影や宇宙ホテルとしての利用があげられます。

映画撮影スタジオとして使用

● ユリア・ペレシド（露）

● トム・クルーズ（米）

宇宙ホテルに転用

● 国際宇宙ステーション（ISS）

● 民間人の宇宙飛行士も滞在
2021年12月、ZOZO創業者、前澤氏が滞在して無事に帰還

　先述の人工衛星と同じく、地球付近の事業である宇宙ステーションは、民間にも広く門戸が開かれつつあります。今後ISS以外にも、複数の国や民間で宇宙ステーションの建設が計画されており、実験や開発から娯楽まで、ビジネスチャンスが大きく拡がっていくでしょう。

11

これから、「月」はどうなるの?

「アポロ計画」の終了から約50年。米国NASAを中心とした「アルテミス計画」で、2024年、ふたたび人類は月面に向かいます。

2020年代、有人月開発の新たな歴史誕生

米国NASAは、2022年の無人試験ミッションに続いて、2024年以降に有人月面着陸を、2028年以降に月面基地の建設開始を計画しています。この「アルテミス計画」は、世界各国のパートナーとともに実施し、月を周回する宇宙ステーションを建設し、そこを経由して月面に降り立つことと、月面基地を建設し、恒常的に月に滞在することが目標です。

「アルテミス計画」って?

● 宇宙船「オリオン」

宇宙船「オリオン」は、一旦、月を周回している宇宙ステーション「ゲートウェイ」にドッキング。月着陸船に乗り換えて、月面へ。

● アルテミス計画を実施するパートナー

NASAとNASAが契約している米国民間宇宙飛行会社　ESA　JAXA　CSA　ASA

クルーの半分が女性!月面もダイバーシティの時代へ

💡 月は宇宙の燃料補給基地に!?

　将来的には、月の氷から、ロケット燃料である水素と酸素を取り出して、火星へ行くことも可能です。「地産地消」ならぬ「宇宙産宇宙消」の取り組みが計画されています。

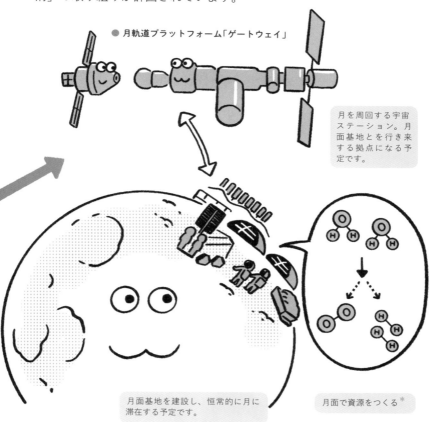

● 月軌道プラットフォーム「ゲートウェイ」

月を周回する宇宙ステーション。月面基地とを行き来する拠点になる予定です。

月面基地を建設し、恒常的に月に滞在する予定です。

月面で資源をつくる*

　1960年代の「アポロ計画」では、米国が国家の威信をかけて莫大な資金を投下し、月面に降り立ちました。2020年代は、米国を中心に各国の協力、官民の連携、男女・人種の壁を越えて、月を恒久的な宇宙の中継拠点として開発することが特徴的です。

＊ 月面での安全で平和な資源開発の取り決め「アルテミス協定」には、米・英・加・豪・日・伊・ルクセンブルグ・UAE が加盟しています（2020年10月署名時点）。

12

これから、
「火星」はどうなるの?

太陽系の他の惑星に比べて地球に近い環境、火星。2030年代以降、人類が長期滞在できるように模索が始まっています。

💡 スペースX社の火星移住計画

スペースX社のイーロン・マスクは、「気候変動などで地球が滅亡するときのバックアップとして、火星に住めるようにする」と主張しています。それに向けて、同社は2026年までに初の有人火星着陸を目指し、将来的には、テラフォーミングを実現したいと考えています。

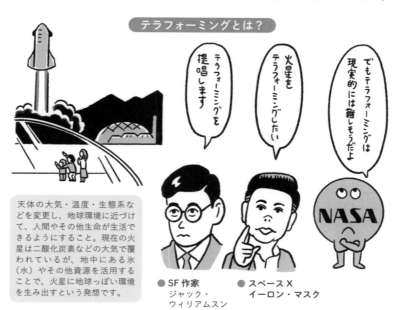

テラフォーミングとは?

テラフォーミングを提唱します

火星をテラフォーミングしたい

でもテラフォーミングは現実的には難しそうだよ

NASA

天体の大気・温度・生態系などを変更し、地球環境に近づけて、人間やその他生命が生活できるようにすること。現在の火星は二酸化炭素などの大気で覆われているが、地中にある氷（水）やその他資源を活用することで、火星に地球っぽい環境を生み出すという発想です。

● SF作家
ジャック・ウィリアムスン

● スペースX
イーロン・マスク

💡 アラブ首長国連邦（UAE）の火星移住計画

　火星移住計画には、資源大国 UAE も、名乗りをあげています。2117年までに、国際協力を得ながら、火星にミニ都市やコミュニティをつくるプロジェクトです。まずは、ロボットを送り込んで都市建設を行い、その後、人間が入植するという構想です。

世界有数の資源大国も検討中

ゲノム技術を活用すれば火星テラフォーミングの可能性あるかもよ

各国と協力し火星に50万人都市をつくるよ

地球の環境問題にも有効!?

合成生物学・ゲノム技術で、火星のテラフォーミングを推進。その知見を転用すれば、地球のさまざまな環境問題も解決できるかもしれません。過酷な環境下でも育つ植物をつくり出し、環境を変えていくことができれば、地球にも役立つという発想です。

　ジュール・ヴェルヌが『地球から月へ』を出版した約 100 年後、人類は実際に月に到達しました。 1942 年ジャック・ウィリアムスンが SF 小説でテラフォーミングを提唱したので、もしかしたら人類は、それを実現させる時期に差しかかってきたのかもしれません。

13

これから、
宇宙はみんなのもの！

たとえば、宇宙の環境ゴミ問題。宇宙のSDGsとして、重要なビジネスであり、世界に先駆けて日本の民間企業が活躍しています。

増え続ける「宇宙ゴミ」を取り除く

現在、宇宙空間には、ロケットの残骸や、運用停止した人工衛星、ASAT（衛星破壊兵器）に破壊された衛星の残骸など、さまざまな宇宙ゴミ（スペースデブリ）が、2万個以上軌道上を周回しています。とても長い期間、弾丸よりずっと速いスピードで地球の周りを回り続け、運用中の人工衛星やISSに衝突し破壊する危険があります。

このまま放っておくと大きな事故が起こる恐れも！

💡 日本の企業がリード。宇宙ゴミの除去

この、いわゆる"宇宙の環境問題"を解決するため、各国、各社が動き始めましたが、その代表選手はなんと日本の会社です。ユニバーサルな視点で宇宙を眺めることで、生まれたビジネスと言えます。

アストロスケールのスペースデブリ除去

つかまえた 🖤

アストロスケールは、スペースデブリ除去の代表的な会社です。デブリ除去衛星が、故障した人工衛星や、耐用年数を超えた人工衛星などに、近づいて捕獲。そのまま大気圏に突入させて燃え尽き消滅させます。

スカパー JSAT はレーザーで除去

発射！

キャー

衛星事業を行っている同社もこの事業に参入しています。デブリ除去衛星から発射されるレーザービームを宇宙ゴミに当てて、宇宙ゴミの軌道を変更。その後、大気圏に突入させて燃え尽き消滅させます。

アストロスケールが、デブリ除去ビジネスを立ち上げたとき、デブリ除去という市場は存在していませんでした。しかし、今では世界的にデブリ問題が重要視されるようになり、発展しつつあります。

14

賞金コンテスト
「Xプライズ」とは何か？

宇宙ビジネスを加速させるための大イベント。サブオービタル飛行や月面探査への民間企業参入などを後押ししています。

🧑 "産業の芽"を生み出すイノベーションコンテスト

　宇宙旅行ビジネスや月面開発ビジネスなどを、民間だけで、ゼロから生み出すハードルは非常に高いです。そこで、イノベーションコンテストによってブレイクスルーをもたらし、新しい産業を創造する、という方法があります。この手法、実は100年前から使われている定番のやり方でもあるのです。

① かつて航空産業を生み出した「オルティーグ賞」(1919〜1927年)

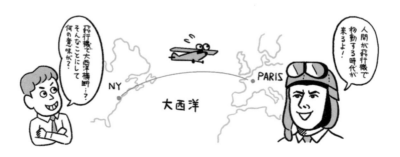

● リンドバーグが成功！

「NY⇒パリ間を飛行機でノンストップ移動」に成功した人に、賞金を授与。数年にわたり、資金を集め、飛行機を開発し、飛行機を操縦して大西洋を横断するという、いわゆるイノベーションコンテストでした。チャールズ・

リンドバーグ（米）が、ついに大西洋横断飛行に成功し賞金を獲得。このオルティーグ賞が、航空機が産業へと発展するきっかけになりました。

② サブオービタル飛行を生み出した
「アンサリ X プライズ」(1996 ～ 2004 年)

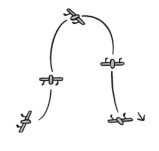

● スペースシップ・ワンが成功!

「2 週間で 2 回、乗員 3 名にて宇宙空間（高度 100km 以上）に到達」したチームに、1000 万ドルが授与されるというもの。スケールド・コンポジッツ社の宇宙船スペースシップ・ワン（米）が達成し、賞金を獲得。その後、ヴァージン・ギャラクティック社によって、この有人弾道宇宙飛行（サブオービタル飛行）が、ビジネス化されました。

③ 月面開発ビジネスを生み出した
「グーグル・ルナ X プライズ」(2007 ～ 2018 年)

現在も活躍する
GLXP卒業生
・Astrobotic
・Moon Express
・ispace（チームHAKUTO）
・PTScientists

● その後も日本の HAKUTO はプロジェクト進行中!

「月面に無人探査機を着陸させ 500m 以上走行し、高解像度の画像・動画・データを地球に送信」したチームに、2000 万ドルが贈られるというもの。各チーム健闘したものの、期間内に勝者は出ずに終了。しかし、これを通じて、その後もいくつかのチームは資金調達から技術開発、ビジネスモデル開発まで行い、ここから実際のビジネスも生まれました。コンテストの最終フェーズまで残った、日本のチーム HAKUTO もその一つ。

　ビジネスにおいて、まったく新しい分野は、決して消費者のニーズから生まれるのではなく、大きなビジョンが技術と産業の芽を生み出し、その後、消費者ニーズが生まれることが多いものです。そうした動きを生み出す仕組みが、イノベーションコンテストなのです。

教えて! 宇宙の仕事 ②

青木英剛　　　宇宙投資家

あおき ひでたか 「宇宙エバンジェリスト」として、宇宙ビジネスおよび宇宙技術の両方に精通するバックグラウンドを活かし、宇宙産業創出に取り組む。米国にて工学修士号とパイロット免許を取得後、三菱電機にて日本初の宇宙船「こうのとり」を開発し、多くの賞を受賞。宇宙ビジネスのコンサルティング等に従事した後、現在はベンチャーキャピタリスト（投資家）として世界中の宇宙ベンチャー企業を支援。内閣府やJAXAをはじめとする政府委員会の委員等を多数歴任。一般社団法人SPACETIDE共同創業者。

Q 宇宙投資家って、どんなお仕事なんでしょうか?

A 投資家というと「上場企業の株を売買する人」というイメージが強いと思います。しかし、私が投資家としてやっているのは、「未上場のベンチャー企業に投資して、その企業が成長するのを支援する」ということです。つまり宇宙投資家は、「宇宙分野の未上場ベンチャー企業に投資する人」ということになります。

Q なるほど。具体的にはどんなふうにベンチャー企業を支援するのですか?

A まずは、「宇宙の事業を立ち上げたい」と考えている人の相談に乗り、会社設立の前段階から一緒に戦略を考えます。たとえば、ビジネス経験の少ない技術者や、宇宙ベンチャー企業を立ち上げたいけど技術には詳しくないビジネスパーソンなどです。そういった人と、会社の戦略を一緒になって考え、設立の仕方などのアドバイスを行います。実際に会社ができたら、次は投資（出資）をします。銀行のようにお金を貸して金利をもらうのを融資、返す義務のないお金を渡す代わりに株を持たせてもらうのを投資（出資）と言います。その投資のお金を元手に、会社は製品開発やサービス開発などを始めます。こうしていよいよ会社がスタートした後は、私がその会社に伴走して、ありとあらゆる面からアドバイスやサポートを行います。ビジネスモデル、会計・財務、技術、マーケティング、採用、上場準備、企業との協業、法務、政府渉外など、会社の立ち上げから上場まで、すべての要素をカバーしています。このため宇宙に関する技術を極めているだけではなく、会社の成長にまつわることにも精通していなくてはいけません。このようなプロセスを経て、会社を成長させ、上場させることで、投資した株の価値を上げて、利益を出すのです。

Q 投資家が、そんなに幅広い仕事だとは思いませんでした。

A 一般的な投資家はここまでトータルにはやりませんね。そのせいか "宇宙ベンチャー企業の駆け込み

寺"として、世界の宇宙起業家の卵が、毎日のように私のところに相談にやってきます。そうして、アドバイスした数年後、彼らが事業を具体化させて戻ってきて、そのタイミングで投資する、なんてこともよくあります。

Q 投資している企業というのは、宇宙関連なんですよね。たとえばどんな…？

A そうですね。人工衛星、エンジン、ロボット、データ解析など、宇宙と関連するさまざまなベンチャー企業が対象です。主な投資先の国は、日本はもちろん、北米、欧州、アジアで、毎日、世界中の起業家と話をしています。

Q まるでスーパーマン!? なぜそんなにいろんなことができるんでしょう？

A 私は、アメリカの大学で宇宙の技術を学び、その後、技術者として宇宙船の開発をしていました。しかし、たとえ技術を極めても、ビジネスがわからなければ宇宙産業発展への貢献は難しいと気づいたため、その後、ビジネススクールを経て、コンサル、そして投資家へと転身しました。さらに、技術とビジネスの両分野の専門性を活かして、現在は、政府の委員会等に携わり、政策提言も行っています。このように、これまでのキャリアで、宇宙ベンチャーを支援するために必要なスキルとされる、①宇宙技術、②ビジネス、③政策の3点セットを、プロフェッショナルとして経験することができたからなのです。

Q このお仕事の大変なことや醍醐味は、どんなところですか？

A 大変なことは何かというと、むしろ、大変なことの連続です（笑）。ビジネスの要素として、ヒト・モノ・カネと表現することありますが、ベンチャー企業は、人もいない、物もない、金もない、つまり何もないのです。何もないところからスタートして、上場を目指すわけですから、それは当然、困難の連続です。しかも、宇宙ビジネスは難易度の高い分野なので、そういった起業家と接していると、1日に何度も経営課題・難題にぶつかります。それを、次から次へと高速で解決していく毎日。そういったカオス状態から、成長と成功につなげるわけですから、やはり、成長や成功体験を共有できる瞬間は、非常にやりがいを感じます。ベンチャー企業の成長は、子育てにたとえることができると思います。最初ヨチヨチ歩きの赤ちゃんみたいな状態で、最終的に上場に至る際は立派な社会人みたいなかんじ。子育てと同じように、それは困難の連続ですが、その困難の分だけ、やりがいも大きいと言えます。

Q 今後のお仕事の展望や、読者の方へのメッセージをお願いします！

A 宇宙産業は大きな成長産業ですし、実際に宇宙ベンチャーはものすごい勢いで増えています。それに伴い、今後、私の役割はますますニーズが高まるので、私のような人が増えることを願っています。さらに、日本にも、次のイーロン・マスクを目指すような野心を持った人が現れて、宇宙産業をもっともっと盛り上げてもらえればと思います。ぜひ皆さん、大組織に埋もれることなく、自らのアイディアで起業して、雇用を生んで、産業に貢献していただければと思います。

第 **3** 章

宇宙ビジネスで、何が実現するの?

みんなの暮らしが大きく変わる

これからのビジネスは、地上から宇宙へとその範囲をどんどん拡大していきます。

通信、輸送、テクノロジー、ビッグデータ、創薬、資源エネルギーといった業界だけでなく、一見宇宙とは関係ないサービス、エンタメ、ファッションなど、さまざまな業界が宇宙を使ったビジネスへとシフトしていくことになります。

15

こんな棲み分けで、宇宙ビジネスが盛り上がる

近くの宇宙は、「民間の仕事」。遠くの宇宙は、「政府の仕事」。米国をお手本に、この流れが今後は各国に浸透していきそうです。

実績があるものはどんどん商業化

近年では、これまでの宇宙開発で、安定した技術やノウハウの蓄積があるものについては、なるべく民間に任せる流れが進んでいます。性能やコスト面の追求にとどまらず、新たなビジネスへの発展など、民間によるイノベーションが期待される分野となっています。

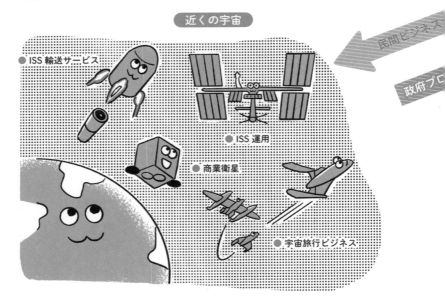

近くの宇宙

- ●ISS 輸送サービス
- ●ISS 運用
- ●商業衛星
- ●宇宙旅行ビジネス

民間ビジネス

政府プ□

◎タイトル：

◎著者名（ネット著名）：

◎本書へのご意見・ご感想をお聞かせください。

ご協力ありがとうございました。

１７０-００１３

（受取人）

東京都豊島区東池袋 3-9-7
東池袋織本ビル４F

㈱すばる舎　行

この度は、本書をお買い上げいただきまして誠にありがとうございました。
お手数ですが、今後の出版の参考のために各項目にご記入のうえ、弊社までご返送ください。

お名前	男・女	才
ご住所		
ご職業	E-mail	

今後、新刊に関する情報、新企画へのアンケート、セミナー等のご案内を
郵送またはＥメールでお送りさせていただいてもよろしいでしょうか？

□ はい　□ いいえ

ご返送いただいた方の中から抽選で毎月３名様に
3,000円分の図書カードをプレゼントさせていただきます。

当選の発表はプレゼントの発送をもって代えさせていただきます。
※ご記入いただいた個人情報はプレゼントの発送以外に利用することはありません。
※本書へのご意見・ご感想に関しては、匿名にて広告等の文面に掲載させていただくことがございます。

🔵 深宇宙や、軍事・公共は国家で手厚く

　一方、宇宙事業において、まだまだ科学の探求が必要な分野や、人類に突きつけられた大きな課題解決、そして、軍事や公共に関わる事柄については、今後も政府の仕事です。国がフロンティアに立って開拓していくことによって、宇宙産業全体の発展が期待されます。

遠くの宇宙

●軍事利用　●公共利用　　　　　●遠い宇宙

●火星探査

●月面開発

エクトが担う

　とはいえ、最近では、スペースXが火星移住計画を発表するなど、民間企業も深宇宙への挑戦に名乗りをあげています。民間を育て、成長すればするほど、結果として国全体の力が増していくことになるのは間違いありません。

16

「宇宙インターネット」とは?

地上や海底にケーブルを敷かなくても、衛星インターネットがあれば、国境を超えたブロードバンド・インターネット網が実現。

💡 衛星を使って、いつでもどこでも

　膨大な数の通信衛星を張り巡らせることで、地球を宇宙からブロードバンド・インターネット網で覆うサービスのことを、「衛星インターネット」(宇宙インターネット)と言います。僻地や新興国など、インフラ設備が整っていない場所でも、あまねくブロードバンド・インターネットサービスが利用できるようになります。

今現在、ネットがつながらない場所は意外と多い

●海底・地上ケーブル

ケーブル網が届かない地域は意外と多い。現在、世界人口の40%以上、30億人はインターネットに自由に接続できません。

●通信衛星

宇宙に配置した衛星を活用すれば、いつでもどこでもインターネットにつながれます。

地上の工事が不要。
いざというときのバックアップにも

通常の通信網やインターネット網は、地上のありとあらゆるところに電波塔を建て、地上や海底などにケーブルを敷かなくてはなりません。衛星経由なら、それらがない地域で役立つだけでなく、現在ネットが使用できる環境においても、緊急バックアップとして期待できます。

地上のインフラがなくてもOK

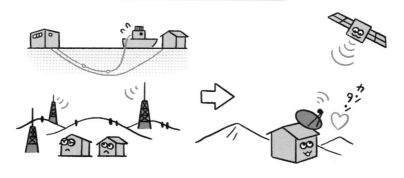

個人も企業もより便利な時代に！

ジャングルの奥で
ビットコイン取引

エベレストにて、
グーグルマップで
下山ルートをチェック

漂流時の
サバイバル術を
ウェブ検索

今後、通信速度の高いインターネットが誰でも使えるようになれば、人々の生活の質が上がるだけでなく、さまざまなビジネスが生まれる環境も整うことになります。

17

「宇宙ビッグデータ」
とは?

常時地球をモニタリングし、農業・漁業・マーケティング・金融・
不動産など、さまざまな用途にデータを活用。

🧠 地球の状況が "マル見え" になる!

近年では、技術の進歩により、地球を常時モニタリングすることが
可能になってきました。高頻度で上空から写真を撮ったり、雲があっ
ても夜であってもレーダーで感知したりできます。それらのデータと
地上のデータを組み合わせて AI で解析すれば、今まで見えてこなかっ
たことがいろいろわかってきます。

膨大な情報をスキャンして解析

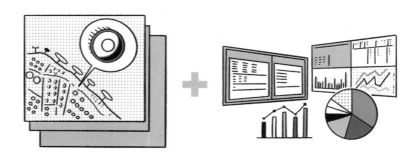

今までになかった、
新しいビジネスのヒントや
指標、情報を、スムーズに
得ることができる

💡 データの活用で、こんなことが可能に

　これまで地上からでは把握しづらかった、さまざまなデータを得ることで、分析の速度や精度が飛躍的に向上したり、今までになかった新しいビジネスが生まれたり、可能性は無限大です。

収穫量や
出荷時期を
チェック

農作物の発育具合をマクロで検知、先物取引などの金融取引、広告出稿などに活かす。

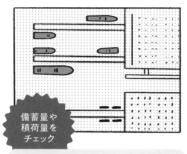

備蓄量や
積荷量を
チェック

石油備蓄タンクや貨物タンカーをモニタリングして、世界的な需給バランスを推測する。

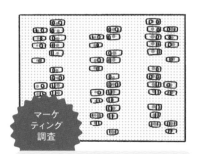

マーケ
ティング
調査

交通量、駐車場などをモニターすることで、エリアや時間帯ごとの需要予測を行い、不動産開発に活かす。

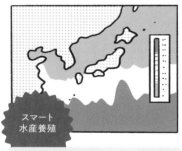

スマート
水産養殖

海洋のプランクトン分布など、宇宙から海の環境分析をすることで、水産養殖の餌付け・管理を最適化する。

　現在は、ありとあらゆるビッグデータを活用する時代となっています。ここに「宇宙ビッグデータ」が加わると、たとえば、これまでのビッグデータはすべて「位置情報」として地図上で可視化できます。そうなったときに、いったい何が見えてくるのか？ 今まで以上に多くの知見が得られることは間違いありません。

18

「宇宙工場」とは?

創薬・新薬開発、特殊合金、半導体映像、バイオ 3D プリンティングなど、宇宙は無重力環境を活かした最先端の工場になる!

💡 今後は ISS 以外の場所も候補に

現在、無重力環境での実験や開発は、国際宇宙ステーション（ISS）で行われています。宇宙飛行士に、医学や科学の知識を持った人が多いのもそのためです。しかし、今後の ISS の運用方針が未定のため、独自に人工衛星を打ち上げて、その中で無人で実験・開発するサービスも続々と生まれています。

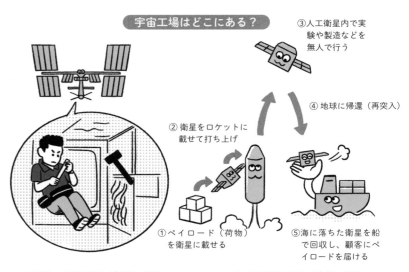

宇宙工場はどこにある?

③人工衛星内で実験や製造などを無人で行う

④地球に帰還（再突入）

②衛星をロケットに載せて打ち上げ

①ペイロード（荷物）を衛星に載せる

⑤海に落ちた衛星を船で回収し、顧客にペイロードを届ける

● ISS で宇宙飛行士が実験・開発　　● 人工衛星で無人の実験・開発

💡 たとえば、無重力での新薬開発って？

新薬開発では、病気に対応したさまざまなタンパク質結晶をつくって実験する必要があります。地球では、重力が邪魔して品質の良いタンパク質結晶をつくることが難しい場合でも、無重力環境では、それが可能なため、宇宙で新薬の実験が大いに期待されています。

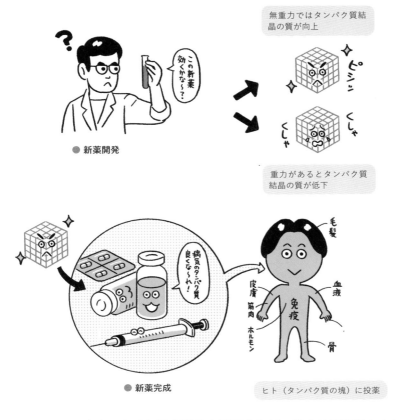

新しい薬をつくるには？

無重力ではタンパク質結晶の質が向上

重力があるとタンパク質結晶の質が低下

この新薬効くかな〜？

● 新薬開発

病気のタンパク質良くなれ〜！

● 新薬完成

ヒト（タンパク質の塊）に投薬

毛髪　血液　皮膚　筋肉　ホルモン　骨　免疫

もともと宇宙にある無重力環境を活用すれば、従来は不可能とされていたような実験や開発、製造まで行える可能性があります。フロンティア領域だからこそ得られる、叡智やビジネスが追求できるのです。

19

「宇宙資源エネルギー」とは?

人類の経済活動の根源は、資源エネルギー。各国が地球レベルでしのぎを削ってきた産業が、いよいよ宇宙レベルの産業になります。

💡 もう、地球だけでは賄えない!?

資源エネルギーの獲得は、いつの時代も、人類の最重要課題の一つです。これからは、宇宙レベルでの資源エネルギー戦略が必須になると言われており、ザックリ分類すると、3つのパターンに分けられます。

①地球で必要な希少資源を宇宙で獲得

地球上では採れにくい金属・鉱物資源を、別の小惑星で採取して地球に持って帰る事業。レアメタルは名前の通り、希少(レア)な金属(メタル)。地球外で大量に獲得できれば、大きな利益を生みます。現時点では、技術的難易度が高いため、費用対効果は低いですが、将来的には、現実的な選択になるかもしれません。

● **宇宙太陽光発電**

宇宙空間に無限に降り注ぐ太陽光で発電し、地球に直接送り込めば、究極の無限エネルギーが実現!

● **宇宙で資源の採取・採掘**

かつての香辛料獲得のための大航海時代と同じく、宇宙資源獲得のための宇宙大航海時代到来!?

② 宇宙開発に必要な資源エネルギーを現地調達

月や火星の開発では、必要な物資やエネルギー源を地球から運んでいては効率が悪くなります。たとえば月の場合、月の砂でコンクリートを生成したり、月の水を生活に使用したり、水を水素と酸素に分解してロケット燃料に使用したりと、資源エネルギーを宇宙で獲得・使用することを目指します。

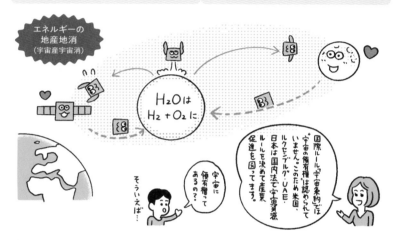

エネルギーの
地産地消
（宇宙産宇宙消）

H_2Oは
H_2 + O_2 に

そういえば…

宇宙に
領有権って
あるの？

国際ルール「宇宙条約」では"宇宙の領有権は認められていません"。このため米国、ルクセンブルク、UAE、日本は国内法で宇宙資源ルールを決めて産業促進を図ってます。

③宇宙から地上をモニターして資源エネルギーを効率的にゲット

衛星を使って、地上や海上の状況をモニターすることで、水資源や鉱物資源、海底油田の探査などが容易に。今後、より一層の地球の資源エネルギー開発の進化も欠かせません。

上から見ると、
一目瞭然！

ビビビ…

　人類の歴史は、食料、石炭・石油、鉱物資源、水、土地などの奪い合いの歴史とも言えます。戦争の原因の多くは資源エネルギーに関連したものですし、経済活動の根源も資源エネルギーに支えられています。これからは、宇宙における資源エネルギー産業をどうしていくのか、人類の叡智が試されていると言えるでしょう。

20

「宇宙旅行ビジネス」とは？

2021年に入って、リチャード・ブランソン、ジェフ・ベゾス、その後、日本の前澤友作氏を含め、民間人が続々宇宙に出発！

🔵 現在、申し込める旅行プランは、大きく分けて4つ

　一口に宇宙旅行と言っても、乗り物の飛行法や目的地によって、種類も値段もさまざまです。ここでは、今現在、民間人が購入できるプランについて、ざっと紹介します。

① サブオービタル飛行（弾道飛行）

宇宙の定義とされる高度100kmまで飛行し、数分程度の無重力体験をして戻ってくる。旅行というより、"究極のアトラクション"といった感じ。

運営会社：ヴァージン・ギャラクティック、ブルー・オリジン、PDエアロスペース

② 地球周回旅行

地球を90分で1周する軌道で、数日間のフライト。透明なドームから、宇宙と地球の大パノラマを堪能できます。

運営会社：スペースX

安価（数千万円）で手軽（数十分）な宇宙旅行

数十億円でゆっくり地球を周回

③ ISS 滞在旅行（宇宙ホテル）

今後、民営化を予定している国際宇宙ステーション（ISS）に、ホテル滞在する旅行。ISS で宇宙飛行士とともに無重力生活を楽しめます。将来的には、民間企業が ISS に設置するホテル棟でゆったりとした時間を満喫できる予定です。

運営会社：スペース・アドベンチャーズ
アクシオム・スペース

④ 月周回旅行

地球の軌道を離れ、36 万 km 離れた月の軌道に入って周回し、1 週間かけて地球に戻ってくる最も遠い宇宙旅行。月の表面を間近で見られるのと、遠くの地球を眺められるのが特徴です。

運営会社：スペース X

このように、数千万円で気軽に楽しむことのできるサブオービタル飛行から、数百億円の一大アドベンチャーになる月周回旅行まで、さまざまなプランが、宇宙旅行ビジネスとして成立しつつあります。皆さんは、どのタイプの旅行がお好みですか？

21

「宇宙輸送ビジネス」とは?

テレビなどで大々的に報じられるロケット発射シーン。たいてい、ISSに人や物を運ぶか、宇宙に人工衛星を運ぶかのどちらかです。

💡 ロケットで宇宙へGO!

宇宙輸送ビジネスといえば、その主役はロケットです。今後、宇宙旅行の一般化や宇宙ビジネスの多様化に伴い、人や物を運ぶニーズはどんどん膨らんでいきます。機体の製作から運用まで、さまざまな製品やサービスが期待されています。

宇宙船や人工衛星を宇宙に飛ばす

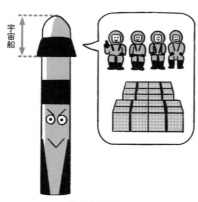

● 人や物を運ぶ

先端の宇宙船に人や物資を入れて、打ち上げる。宇宙船が、ISSとドッキングしたり、宇宙空間を航行して天体に着陸します。

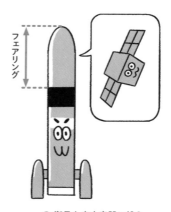

● 衛星を宇宙空間に投入

先端のフェアリングに衛星を入れて打ち上げる。宇宙空間に到達すると、フェアリングが開いて、衛星が投入されます。

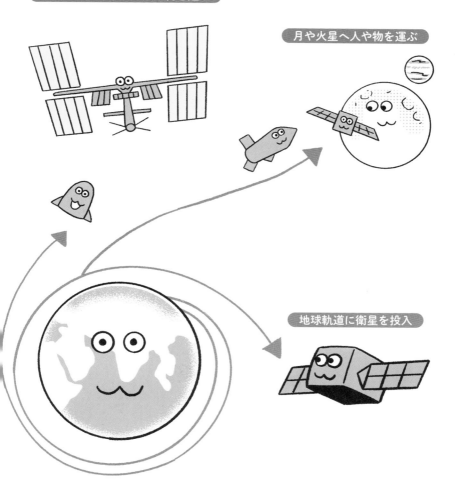

宇宙ステーションへ人や物を運ぶ

月や火星へ人や物を運ぶ

地球軌道に衛星を投入

　人工衛星や宇宙旅行など、宇宙産業の需要は急速に拡大しています
が、それらを宇宙に運ぶ手段であるロケットの供給は、その需要に追
いつかない状況です。宇宙への輸送手段であるロケットの供給が、こ
れからの宇宙産業発展のカギとなってくるでしょう。

22

「宇宙マネー」とは?

ビリオネア・ベンチャーキャピタル・金融機関による投資、保険会社による宇宙損害保険、衛星金融など、ビッグマネーが動き出す!

💡 大きなお金で、大きなビジネス

　ハイリスク・ハイリターンの宇宙業界には、多額のお金が欠かせません。お金にまつわる業界、投資や保険などを含め、金融全般の参入が進めば、それだけビジネスも大きく成長していくことになります。

① 宇宙事業投資

エンジェル投資家、ベンチャーキャピタル(VC)、証券会社、銀行など

オランダやイギリスの東インド会社

17世紀、大航海時代。東方で香辛料をゲットして戻ることができれば、大きな利益が得られるけれど、莫大なコストがかかり、戻ってくる確率も低い。このため、多くの人からお金を集める株式会社という仕組みが誕生し

ました。そして21世紀、宇宙ビジネス時代。宇宙への大航海も、同じくハイリスク・ハイリターンビジネスのため、さまざまな人や機関が投資に参入しています。

② 宇宙損害保険

自動車保険や
火災保険に近い
イメージかも

たとえば衛星をロケットで打ち上げて軌道投入するにはさまざまなリスクがあります。打ち上げ失敗、宇宙空間における衛星の故障、衛星どうしの衝突などによる損害を補償する

保険は必須です。ロケットや衛星自体の損失保険のみならず、打ち上げ失敗などにより第三者に損害を与えた場合の保険もあります。

③ 金融業界による衛星活用

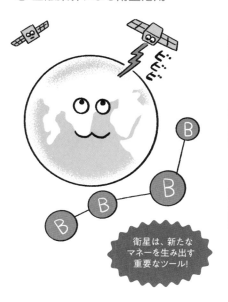

衛星は、新たな
マネーを生み出す
重要なツール!

● 災害状態のモニター

水害など大規模災害時に、衛星から被害状況をモニター。保険金の支払いまでの期間を大幅に短縮できます。

● 衛星ビッグデータで情報収集

金融業界で必須の GDP や雇用統計、POS データ、SNS・口コミなど、さまざまなデータに加え、宇宙ビッグデータを活用。データ分析を投資戦略に活かす。

● 衛星でブロックチェーン

人工衛星を決済手段として活用。国境という概念を超え、各国政府の法定通貨とは異なる、真の分散型の金融が地球上のどこにいても可能に!

　宇宙ビジネスは、2040 年代には市場規模 100 兆円を超える一大産業となる見込みですが、日本の宇宙ビジネスへの投資額は、米国などに比べると、まだまだ少ないのが現状です。いかにマネーを呼び込むかが、今後の課題と言えるでしょう。

23

百花繚乱！
さまざまな宇宙ビジネス

サイエンスやテクノロジーの業界じゃなくたってOK！これからは衣食住をはじめ、あらゆる業界が参入するチャンスです。

💡 できること、いっぱい！ みんなの宇宙

　衛星やロケットなど、宇宙を活用する下地が整いつつある今、もはや宇宙は従来の宇宙業界だけのものではありません。これまで宇宙とは無縁だった業界から、従来の宇宙産業では絶対に実現しない、思いつくことすらないビジネスが、近年続々と生まれつつあります。

宇宙食プロジェクト
スペース フード スフィア
「SPACE FOODSPHERE」

今後、多くの人間が、月・火星などの星に長期滞在することが想定され、現地での食料の自給自足は重要な課題。それらを解決するために立ち上がったのがこのプロジェクトです。国内のさまざまな企業や団体が参加。将来的には、月面1000人程度が暮らす食生活を担うシステムを検討中。

宇宙ファッション
ヴァージン ギャラクティック
「 Virgin Galactic ×
アンダー アーマー
UNDER ARMOUR 」

一般人による宇宙旅行が増えてくると、宇宙服の需要も拡大します。体温・発汗調整ができ、無重力でも動きやすい素材、写真を保管するための透明内ポケット、旅行者の名前と国旗のエンブレム。そんなファッション性と遊びゴコロのある宇宙服が、人生最大の思い出を、最大限に演出します。

「Co-Star」
コー　スター

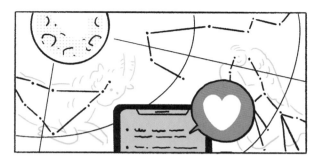

2500年間にわたる人類の叡智を結集した星占いを、NASAのデータと連携。ビッグデータ・AIのテクノロジー活用で、リアルタイム＆パーソナライズした、究極の星占いアプリです。自分だけの"運命の人"と出会える日時と場所をピンポイントで教えてくれるなど、高度なオプションサービスもあり。現在は英語バージョンのみ。

人工流れ星 「Sky Canvas」
スカイ　キャンバス

日本のALE社が立ち上げ。実際の流れ星と同じような現象を、人工的に再現するサービスです。人工衛星から流星源を放出し、大気圏に突入させることで、流れ星のような発光を再現することができます。イベント、フェス、エンターテインメント施設など、指定の場所と時間で、流れ星体験が可能になります。

　かつて、インターネット業界は、一部のテック系の人たちによって生み出されましたが、その後、さまざまな業界・業種の人々が参入し、多様なサービス・ビジネスが花開きました。宇宙業界でも、まさにインターネット業界と同じようなことが起こり始めているのです。

教えて! 宇宙の仕事 ③

新谷美保子　　宇宙弁護士

しんたに みほこ　慶応義塾大学法学部法律学科卒業後、2006年、弁護士登録（TMI総合法律事務所所属）。専門分野は知的財産権、IT・通信、新規事業立ち上げ、リスク管理、宇宙法・航空法。2013年、米国コロンビア大学ロースクール卒業後は、宇宙航空産業に複数のクライアントを持ち、民間企業間の大型紛争、宇宙ベンチャー投資、宇宙ビジネスにおける取引を含めた実務を多く扱う。

Q 早速ですが、宇宙弁護士って、いったい、どんなお仕事なのでしょうか?

A 宇宙ビジネスに関する、企業どうしの利害関係の調整、契約の取りまとめや紛争の解決などが主な仕事です。扱う対象は、ロケット・人工衛星・輸送・保険など多岐にわたり、宇宙ビジネスに関わる会社や人をクライアントにしています。

Q たとえば、どういったニーズがあるのですか?

A 人工衛星を宇宙に投入するケースを考えてみましょう。完成した人工衛星を工場から射場まで運搬し、ロケットに載せて宇宙空間に運び、宇宙空間で作動させます。しかし残念ながら、途中で衛星が故障したり、ロケット打ち上げに失敗したり、軌道投入後にうまく作動しなかったりと、何らかの不具合が起こる可能性も結構あります。地上で故障した場合は、直して返せばよいのですが、宇宙の場合は、壊れても直すことができません。これが、地上

の通常ビジネスとの決定的な違いです。このため、起こり得るありとあらゆるケースを事前に想定し、衛星メーカー、運送会社、ロケット会社など、このプロセスに関わるすべての企業間で、契約を結んでおく必要があるのです。また、それぞれの会社は、失敗に備えて保険をかけるのですが、その契約範囲によって、それぞれの保険内容や料金が変わってきます。

Q その場合、宇宙の法律に基づいて契約書をつくるのですか?

A もちろん宇宙に関する条約や法律はありますが、宇宙ビジネスはまだまだ、国際的なルールや法律が整備されていない領域が大きい分野です。ルールや法律が整備された業界であれば、仮に契約書に記されていないことが起こったとしても、法に基づいて解決できます。しかし、宇宙ビジネスは、何も決まっていない領域だらけなので、契約書に書いておかないと、解決するのが難しくなります。なので、"起こり得るさまざまなケース"をあらかじめ想定して契約書を作成することになります。

Q "起こり得るケース" をどうやって事前に想定するのですか?

A まずは、各国の法律、国際法、条約を理解しておくことは大前提として、欧米で今まさに行われている取引内容や実務のポイントを把握することが大切です。なぜなら世界の宇宙ビジネスでまさに行われている「実務」そのものが宇宙ビジネスの国際標準と言えるからです。私も、実務を通じてすべて学んでいます。そのうえで、個別の案件に特有の問題は、毎回自分の頭で考えていくのです。もしも、案件ごとの検討が不十分なまま契約が成立してしまうと、残念ながら、企業は後から莫大な損害を被る可能性があるので、重要なポイントになります。

Q このお仕事の大変なことや醍醐味は、どんなところですか?

A 宇宙産業は、ルールが未整備であることが大変なところでもあり、同時にそれが醍醐味でもあります。既存の成熟産業は、守るべきルールが数多くありますが、宇宙産業は、ルールの大枠さえ守っていれば、民間どうしの交渉でいかようにもできます。つまり、宇宙産業は、今まだとても自由なのです。契約書の中で、この条項を入れる/入れない、などの自由度も高いですし、想像力を働かせて面白いアイディアを考えて、契約書に盛り込んだりすることもできます。つまり、宇宙ビジネスの契約書は、クリエイティビティや想像力が要求されるのです。このため、実務では、クライアント企業と一緒にさまざまな戦略を練って、一緒に海外企業との交渉に乗り込んでいきます。クライアント企業と一緒に、"日本代表として、世界の宇宙ビジネスを舞台に戦っている"という実感があり、とてもやりがいがありますね。

Q まるで、明治維新を彷彿とさせますね。

A かつて、渋沢栄一がフランス留学後、日本の国益のため、日本人の手で株式会社や銀行を創りましたが、私はそれに深く共感しています。私も以前、米国留学を通じて、「日本には宇宙弁護士が一人も存在せず、それは大きく国益を損ねる状態である」ということを知りました。それを機に、帰国後、現在の事務所のバックアップのもと、日本最初の宇宙弁護士になることを決意し、手探りでここまでやってきました。黎明期の業界を事業者の皆さまとイチから創る、そこが醍醐味だと思います。

Q 最後に、読者の方へのメッセージをお願いします!

A 今、私たちは、人間の活動領域が地球から宇宙へと拡がっていく時代に、偶然立ち会っています。この歴史的なタイミングこそ、ビジネスにもオープンな気持ちで、皆さま、ぜひ一緒に未来を切り拓いていきましょう。

第 4 章

宇宙ビジネスには、どんなプレーヤーがいるの?

大企業からスタートアップまで、続々参入

近年は、高い技術力が必要なロケット製造・打ち上げのような分野でも、スペースXのような新興企業が頭角を現すようになりました。

日本おいても、従来のレガシープレーヤーに加えて、ユニークなベンチャー企業が次々誕生。加えて、高度な技術力を持つ異業種企業もまた、今後は宇宙への進出が期待されています。

24

宇宙産業の基本プレーヤー
（LegacySpace）

従来の宇宙ビジネスは、衛星とそれを飛ばすロケットがメイン。長らく経験豊富な数少ない巨大企業が担ってきました。

💡 世界のレガシープレーヤーは？

「宇宙ビジネス」を理解するうえで欠かせないポイントは、「宇宙ビジネスの基本は人工衛星に関連する産業である」という点です。これまで、軍事・航空に関連する欧米の企業がその中心となってきました。

①衛星＆ロケット製造＋サービス

● 世界最大の軍需企業
ロッキード・マーティン（米）

● 旅客機メーカー二大巨頭の一つ
ボーイング（米）

● 旅客機メーカー二大巨頭の一つ
エアバス（欧）

精密機械なので丁寧に運んでね

人工衛星（積荷）

②ロケット打ち上げサービスのみ

● 商業打ち上げトップクラス
アリアンスペース（欧）

世界各国の通信・気象・測位衛星等打ち上げ。ロケット製造はせずに他社から購入

💡 日本のレガシープレーヤーは？

　海外とは違い、日本の場合はロケット製造と衛星製造は別の企業になります。造船業を起源とする重工メーカーや、誰もが知る総合電機メーカーが名を連ねています。

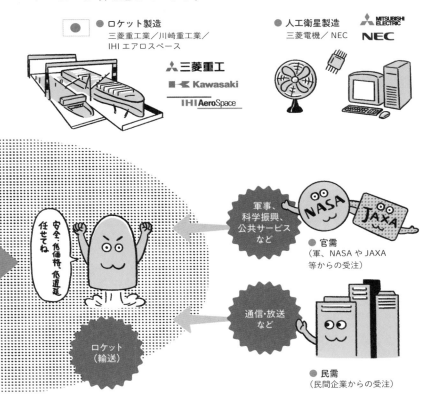

● ロケット製造
三菱重工業／川崎重工業／
IHI エアロスペース

● 人工衛星製造
三菱電機／ NEC

MITSUBISHI ELECTRIC
NEC

三菱重工
Kawasaki
IHI AeroSpace

軍事、
科学振興、
公共サービス
など

NASA
JAXA

● 官需
（軍、NASA や JAXA
等からの受注）

安全、低価格、低遅延
任せてね

通信・放送
など

● 民需
（民間企業からの受注）

ロケット
（輸送）

　これらレガシープレーヤーには、知識やノウハウが長年蓄積されており、今後も宇宙産業を支えていくことは間違いないでしょう。安定的に優秀な人材を育成輩出するという点でも重要な存在であることは言うまでもありません。

25

急拡大する宇宙ベンチャー
（NewSpace）

ビッグマネーが流れ込み、大きな産業へと拡大する欧米宇宙ベンチャー。個性と発想で、独特のポジションを獲得する日本勢。

💡 IT長者たちは、皆、宇宙を目指す

ペイパルで成功したイーロン・マスク、アマゾンで成功したジェフ・ベゾスなど、インターネット時代のビリオネアたちの多くは、宇宙ビジネスに多額の投資を行い、産業発展をリードしています。

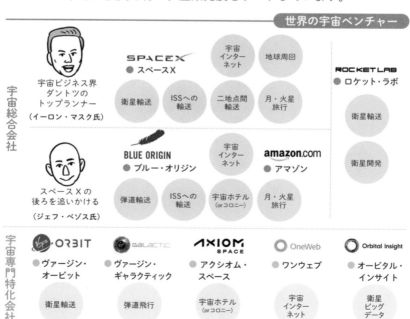

世界の宇宙ベンチャー

宇宙総合会社						
宇宙ビジネス界ダントツのトップランナー（イーロン・マスク氏）	SPACEX ● スペースX	衛星輸送 / ISSへの輸送	宇宙インターネット / 二地点間輸送	地球周回 / 月・火星旅行		ROCKET LAB ● ロケット・ラボ / 衛星輸送 / 衛星開発
スペースXの後ろを追いかける（ジェフ・ベゾス氏）	BLUE ORIGIN ● ブルー・オリジン / 弾道輸送 / ISSへの輸送	宇宙インターネット / 宇宙ホテル(orコロニー)	amazon.com ● アマゾン / 月・火星旅行			

宇宙専門特化会社				
● ヴァージン・オービット 衛星輸送	● ヴァージン・ギャラクティック 弾道飛行	AXIOM SPACE ● アクシオム・スペース 宇宙ホテル(orコロニー)	OneWeb ● ワンウェブ 宇宙インターネット	Orbital Insight ● オービタル・インサイト 衛星ビッグデータ

💡 小粒でも、個性派ぞろいの日本ベンチャー

　日本には、欧米のような大規模宇宙ベンチャーはありませんが、ユニークな特徴を持つベンチャーが多数。宇宙業界で独特のポジションを獲得しつつあります。

AXELSPACE

衛星
ビッグ
データ

● アクセルスペース
地球全土を毎日カバーするデータサービス。超小型衛星の設計製造、打ち上げ、運用まで。

Ridge-i

衛星
ビッグ
データ

● Ridge-i（リッジアイ）
ディープラーニングをはじめ、AI を組み合わせた、画像やセンサーデータの高度な解析。

Astroscale

宇宙ゴミ
除去

● アストロスケール
宇宙ゴミ（スペースデブリ）の除去で世界をリード。国内外の組織と連携。

SpaceBD

宇宙商社

● スペース BD
衛星の打ち上げ・宇宙空間での実証実験などを行う顧客を、トータルにサポート。

PD AEROSPACE

弾道飛行　衛星輸送

● PD エアロスペース
沖縄宮古島、下地島での宇宙旅行や宇宙輸送、宇宙機の開発など。

∴人

人工
流れ星

● ALE（エール）
専用の衛星を使って、人工の流れ星をつくるエンターテイメント事業など。

INTERSTELLAR TECHNOLOGIES

衛星輸送

● インターステラテクノロジズ
北海道大樹町にて、世界一低価格でコンパクトな小型衛星打ち上げロケット開発など。

ispace

月資源
開発

● ispace（アイスペース）
グーグル X プライズの月面探査レース HAKUTO で有名。超小型ロボットシステムの月面輸送・運用・データ取得など。

SPACE WALKER

弾道飛行　衛星輸送

● スペースウォーカー
弾道飛行用の有翼再使用ロケット（スペースプレーン）の設計開発など。

GITAI

宇宙
ロボット
開発

● GITAI（ギタイ）
宇宙用作業ロボットの研究開発・製造。ISS 船内でのロボット汎用作業遂行技術実証が進行。

　かつては、巨大なレガシー企業が席巻していた宇宙産業ですが、2000 年代より、欧米の IT 長者の莫大なポケットマネーが、宇宙ベンチャーへと流れ込み、トップランナーであるスペース X が、宇宙産業全体を牽引しています。これからも続々、ユニークなベンチャーが誕生し、群雄割拠する時代がやってくるでしょう。

26

通信・放送衛星の
ビジネスとプレーヤー

船舶・航空機、災害時の通信や緊急時の通話、BS・CSなどの衛星放送など。日々の生活に欠かせないサービスを提供。

すでにさまざまな場面で活用

電波の交信を行うことで、通信や放送を行う衛星。宇宙を経由して電波をやりとりすることで、地上の通信・放送に比べ圧倒的に広い領域をカバーすることができます。

人工衛星を用いた「通信」

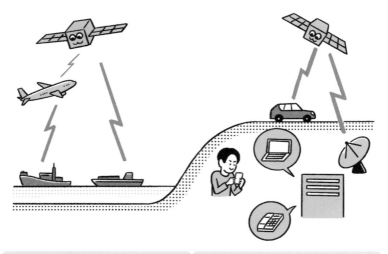

主な用途としては、船舶や航空機との通信、災害時の通信などになります。民間企業や官公庁、地方自治体などが活用し、国際機関「イ ンマルサット」や「イリジウム社（米）」が衛星通信網を持ち、日本での運用はKDDIが行っています。

人工衛星を用いた「放送」

日本の衛星放送は、主に BS と CS という仕組みがあり、NHK や地上波民放各社、CS 放送のスカパー！などが使用。東経 110 度の静止衛星から日本全体に電波を飛ばしています。スカイツリーなどの電波塔を使った地上波と異なり、静止衛星から日本全国に電波を届けることができます。また、NHK ワールドのように、海外にも放送を届ける場合は、「インテルサット」という国際通信事業者を介して行います。

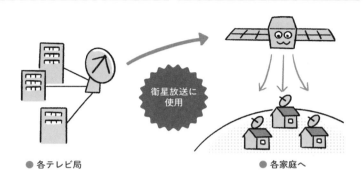

衛星放送に
使用

● 各テレビ局　　　　　　　　　　　● 各家庭へ

● NHK

● 無料放送

● 有料放送（BS・CS）

etc...

　衛星のおかげで、私たちの暮らしは大変便利になりました。これに加えて、近年では、超小型衛星を使ったインターネットサービスも構築されつつあり、さらなる変化が訪れるかもしれません。

27

測位衛星の
ビジネスとプレーヤー

グーグルマップやカーナビなどに位置情報を提供。自動運転をはじめ、さまざまな分野に応用可能です。

💡 GPS依存から各国独自の衛星利用へ

　米国が軍事用に開発したGPSで有名な測位衛星。民間にも開放され、グーグルマップやカーナビ、航空機・船舶への位置情報提供など、重要な生活インフラです。かつて民生用は精度を落とされたこともあり、近年、各国が独自衛星を打ち上げ、年々正確な位置情報が得られるようになってきました。

GPS測位衛星の仕組み

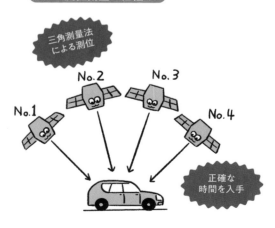

● 3機＋1機で機能する

米国
GPS
（ジーピーエス）

日本
QZSS
（みちびき）

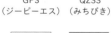

ロシア
GLONASS
（グロナス）

中国
BDS（北斗）
COMPASS
（コンパス）

欧州
Galileo
（ガリレオ）

インド
NavIC
（ナブアイシー）

● 近年は、各国が独自に打ち上げ

💡 日本の「みちびき」は内閣府が運用、民間各社が活用

　もちろん、日本も独自衛星を打ち上げ、2018年11月から運用しています。それまで使用していたGPSを補完することによって、より安定的に情報を得ることができる仕組みになっています。

みちびきの打ち上げと運用

good!

QZSS衛星　GPS衛星

民間各社がビジネスに活用

子どもや高齢者の位置情報の把握

見つけた！

自動運転

おっと

ドローンによるピンポイント配送

ビュ

きっちり

建設機械の精密操作や管理

　より精度の高い位置情報があれば、それだけ精密な機能や操作が必要なサービスが可能になります。今後も、これらの情報を応用した新しいビジネスが生まれていくでしょう。

28

地球観測衛星の
ビジネスとプレーヤー

気象・災害・農林水産業・資源探査など地上をモニター。今まで
思いも寄らなかった知見が得られる可能性大！

知りたいことが、ひと目でわかる！

　地球観測衛星とは、名前の通り、地球の状態を観測する衛星。リモートセンシングとも呼ばれています。カメラと同様、写真をパシャパシャと撮りまくる「光学による観測」と、光の少ない夜でも、雲があっても、いろいろ観測できる「レーダーによる観測」の方式があります。

地表を撮影する衛星の手法は主に2つ

●光学センサーによる観測

●レーダーによる観測

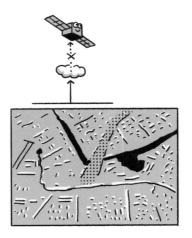

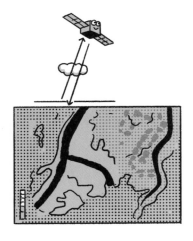

官民ともにデータの活用範囲は無限大

近年、とくにビジネスで注目されているのが、新しいタイプの観測データです。レーダーや、赤外線、マイクロ波などで得られる画像データは、防災、気象から民間サービスまで、さまざまな分野への展開が可能です。

一般財団法人リモートセンシング技術センターの資料を参考に作成

政府自治体	コンサル	農業漁業林業	食品	流通外食	運輸
金融保険	建設不動産	生活・公共	資源エネルギー	広告マーケ	エンタメ

etc...

このように、観測できるデータの種類は本当にさまざまで、今後も増えていくでしょう。こうした宇宙ビッグデータをいち早くビジネスに取り入れることが、一見、宇宙とは全然関係ない、あらゆる業界でも当たり前になりつつあります。

29

近年急成長！ 衛星コンステレーションのビジネスとプレーヤー

「コンステレーション」は星座という意味。これからの通信やリモートセンシングで活用が期待される高性能の衛星技術です。

より高性能なサービスが可能に

近年では、小型で大量の衛星を宇宙に投入して、放送・通信や観測を行う衛星網（衛星コンステレーション）の開発が進んでいます。低・中軌道に配置して、より通信速度や精度を上げる手法で、各国の宇宙ベンチャーが参入を始めています。

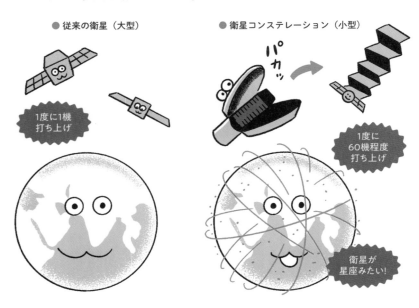

● 従来の衛星（大型）

1度に1機
打ち上げ

● 衛星コンステレーション（小型）

パカッ

1度に
60機程度
打ち上げ

衛星が
星座みたい！

① コンステレーションで「衛星インターネット」

イーロン・マスク、ジェフ・ベゾス、孫正義、インターネット時代のビリオネアたちは皆、この分野に多額の投資をしています。莫大な

投資が必要な一方、参入障壁が高いので、将来的には全世界で数社だけが勝ち残る地球レベルの寡占産業になる可能性もあります。

大量の衛星を打ち上げて整備

IT界の巨人たちが
大規模投資!

（ジェフ・ベゾス氏）

（イーロン・マスク氏）

（孫正義氏）

SPACEX
● スペースX「スターリンク」
4万機以上の衛星を地球低軌道に配備

amazon.com
● アマゾン「プロジェクト・カイパー」
約3000機の衛星を地球低軌道に配備

OneWeb ＋ ＝ SoftBank
● ワンウェブ（ソフトバンクが出資）
7000機の衛星を地球低軌道に配備

② コンステレーションで「宇宙ビッグデータ」

近年では通信だけでなく、地球観測衛星（リモートセンシング）でも、コンステレーションの方式が利用されています。地上も含めた

ありとあらゆるデータを融合、AIでワンストップ解析が行えます。

衛星の製造・運用		
planet. ● プラネット・ラボ 150機の衛星で構成するコンステレーション		**AXELSPACE** ● アクセルスペース 現在5機体制のコンステレーション

衛星データ解析		
○ **Orbital Insight** ● オービタル・インサイト 複数衛星データのAI・ビッグデータ解析		◯ Synspective ● シンスペクティブ 衛星データを利用したソリューションサービス

　昔の大型コンピュータより、今のスマホのほうが性能が勝るように、衛星も時代とともに、小型化・高性能化しています。「小型化がお家芸」の日本も、こうした分野にはアドバンテージがありそうですね。

30

ロケット＆スペースプレーンの
進化は日進月歩

スペースシャトルの引退で、ISS 輸送はロシアのソユーズのみに。
そんな中、米国の民間企業がロケット製造に立ち上がりました！

💡 民間も続々参入。今、ロケット開発が熱い

　宇宙産業・開発の基本は、やはりロケットです。米国では ISS 輸送用のロケットが長らくつくられていませんでしたが、スペース X が民間会社として受注。見事に成功を収めました。これをきっかけに、民間のロケット開発がどんどん進むことになりそうです。

ロケットの基本の仕組み

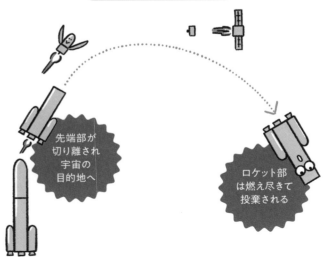

先端部が
切り離され
宇宙の
目的地へ

ロケット部
は燃え尽きて
投棄される

💡 新しい形や仕組みが続々！

　宇宙輸送の機体は、用途によって、形も仕組みも大きさもさまざまです。ブースターが自動で地上に戻ってくるロケットや、飛行機のような母船から発射されるスペースプレーンなど、今までにない新しい離陸や着陸のスタイルがどんどん生み出されています。

① 機体の一部を再利用「ファルコン9」（スペースX社）

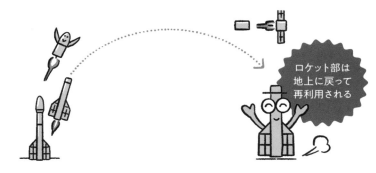

ロケット部は
地上に戻って
再利用される

② サブオービタル専用「スペースシップ・ツー」（ヴァージン・ギャラクティック社）

母船から
宇宙船を発射。
両方地上に
戻る

　当面は、政府宇宙開発機関のペイロードや人を運ぶなどのニーズがメインかもしれませんが、今後はさまざまな民間企業のニーズも生まれてくるでしょう。もっと軽量の物を低コストで大量に打ち上げるなど、用途によって、さまざまな機体やサービスが考えられます。

31

ロケット産業のプレーヤー

ロケット&スペースプレーン。今後は民間の参入で、伝統的な巨大企業から新興ベンチャーまで、群雄割拠の時代が訪れます。

🔧 宇宙産業の盛り上がりで、供給追いつかず!?

　これまで見てきたように、人工衛星打ち上げをはじめ、物や人を宇宙に打ち上げるニーズは年々高まってきています。それに伴い、おのずとロケットやスペースプレーンの需要がひっ迫し、いまや各社しのぎを削る開発競争へと突入しています。

人の輸送

2011 年スペースシャトルが退役。長らく人の輸送はロシアのソユーズ頼みでしたが、2020年、スペース X のファルコン 9 が、宇宙船クルードラゴンで宇宙飛行士を ISS に送り込み、米国はふたたび宇宙への人の輸送手段を獲得。

人工衛星の輸送

商業衛星の打ち上げサービスではトップクラス、欧州のアリアンスペース社。南米の赤道付近にある仏領ギアナから打ち上げます。高い信頼性と、顧客向けのホスピタリティが人気の秘訣。

超優良ロケット
「ソユーズ」

民間初の
有人宇宙飛行も
「ファルコン9」

商業衛星
打ち上げ
トップクラス

UAEの
火星探査衛星も輸送
「H-IIAロケット」

2021年、
12月前澤氏
搭乗＆帰還！

2021年、
9月4名も
無事成功！

● ロシア政府

● スペース X 社

SPACEX

● アリアンスペース社

arianespace
ariane GROUP

● 三菱重工業

三菱重工

小型衛星の輸送

これまで、小型衛星は、大型衛星の発射に"相乗りする"形で打ち上げられてきました。しかし、それでは、打ち上げを大型衛星のタイミングに合わせねばならず、非効率。そこで、小型・超小型衛星向けの発射サービス事業が、世界的に活発に！

高速二地点間飛行

ニューヨーク⇔東京を40分程度で移動する高速二地点間飛行。ファーストクラス・ビジネスクラスは宇宙経由が当たり前の時代がやってくるかも？

月周回旅行

月を周回する民間向け旅行サービス。米国主導「アルテミス計画」では、月に着陸し基地を建設。最終的には火星にも向かう予定。

空港滑走路
から水平離陸

米国企業が
ニュージーランド
から打ち上げ

大分空港
でも就航
予定！

夢の
超大型宇宙船
「スターシップ」

2023年以降
前澤氏
搭乗予定！

→ P134

● ヴァージン・
オービット社

● ロケット・ラボ社

● スペースX社

弾道飛行旅行

人を乗せて、高度約100kmの宇宙空間を少しだけ楽しんで帰ってくる、超短時間の宇宙旅行サービス。10分〜数十分程度のフライトで、旅行というよりアトラクションに近いイメージ。2021年7月に両社の創業者が搭乗し無事に成功！

空港滑走路
から水平離陸
「スペースシップ・ツー」

10分程度
究極の旅
「ニューシェパード」

● ヴァージン・ギャラクティック社

● ブルー・オリジン社

BLUE ORIGIN

　これからも、目的地や行程、ペイロード、さまざまなタイプのロケット＆スペースプレーンが開発されていくことは間違いありません。新たな企業の参入も考えられます。

32

EV、自動運転、IoT、AI…
産業の転換に宇宙を取り込め！

これからのビジネスは、技術「開発」だけでなく、技術「転用」も重要。宇宙産業は、日本にとっても大きく変わるチャンスです。

今ある技術の転用をいかに行うか？

　競争の激しい最先端技術においては、"技術開発"だけでなく、"技術活用"が重要なカギとなります。宇宙技術が地上で活用されている例は数多くありますが、今後は、地上の産業を宇宙産業に活用する機会も増えていくでしょう。

① 「地上から宇宙へ」。日本の技術を投入！

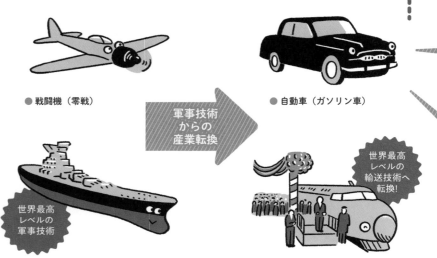

● 戦闘機（零戦）

● 自動車（ガソリン車）

軍事技術からの産業転換

世界最高レベルの軍事技術

● 戦艦（大和、武蔵など）

世界最高レベルの輸送技術へ転換！

● 新幹線

②「宇宙から地上へ」。暮らしの中にどんどん普及！

宇宙技術の
スピンオフ
利用

金融工学

低反発・
衝撃吸収
素材

フリーズ
ドライ
食品

消防設備

CMOS
イメージ
センサー

耐火
スクリーン、
消火布

自動車用
エアバッグ

建築
免震用積層
ゴム

室内吸音材

EV 化によって不要となるエンジン機構の
サプライチェーンをどう転換する？

 ガソリン車から EV 車へ（電気自動車）

EV と自動車運転は地上でも宇宙でも必須
の技術！

● **水素を活用する FCV 車も登場**（燃料電池自動車）

日本が注力する水素活用。近年の自動車産
業で培われ、重工業や飛行機、再エネ運搬
など、さまざまに応用可能！

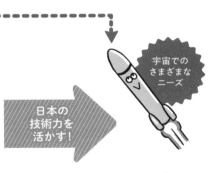

宇宙での
さまざまな
ニーズ

日本の
技術力を
活かす！

月面で
水素ゲット、
FCVでGO！

水素は宇宙の
基幹エネルギー
産業に!!

教えて！宇宙の仕事 ④

高田真一　宇宙事業プロデューサー

たかた しんいち　JAXA新事業促進部 参事／J-SPARCプロデューサー。修士号（航空宇宙工学）取得後、JAXA入社。ロケットエンジン開発、宇宙船「こうのとり」開発・運用、米国ヒューストンでの国際宇宙ステーションおよび将来探査プログラム調整を担当。現職にて、民間との共創活動により、将来の宇宙旅行を見据えた新たな事業創出、そして新たな経済圏創造を目指す。

Q 早速ですが、宇宙事業プロデューサーって、どんなお仕事なのでしょうか？

A 宇宙イノベーションパートナーシップ（J-SPARC）という研究開発プログラムにおいて、新しい技術と宇宙事業を、官民共創によって生み出すことが、宇宙事業プロデューサーの仕事です。これまでの宇宙事業は、アメリカも日本も、国家が主体となって推進してきました。しかし、最近その役割に変化が見られ、未開拓の宇宙は国家が主体、開拓済みの宇宙は民間企業が主体となって推進する流れができつつあります。なので、JAXA自ら研究開発を進め、JAXAが持つ技術やノウハウを活用して、民間企業が自ら宇宙関連事業を創出する、ということを推進しています。

Q たとえば、どのようなことを行っているのでしょう？

A たとえば、国際宇宙ステーション（ISS）を民間企業に活用してもらうことを促進しています。これまでの

ISSは、宇宙飛行士のみが滞在し、研究者が実験で活用することが主でしたが、これからは、民間企業や個人などに門戸を開くために、さまざまな連携を通じて事業拡大を図っています。

Q どんな事業があるのか、もう少し詳しくお聞きしてよいでしょうか？

A 民間企業による宇宙ロボットの事業化に向けた連携もその一つです。宇宙飛行士の船内作業を、自動ロボットにやってもらうと、グッと効率化できますし、宇宙飛行士の危険な船外活動も低減されます。そういったことを実現するために、日本の宇宙ロボットのスタートアップ企業が、作業用ロボットの開発を進めています。NASAの高い安全基準を乗り越えて実装した彼らのロボット技術は、将来さまざまなことに役立つでしょう。
また、日本のデジタルクリエイティブカンパニーが、宇宙と地上を双方向でつなぐ世界で唯一の宇宙放送局「KIBO宇宙放送局」のアイディアを提案し、事業化を進めています。ISSに滞在する日本

人宇宙飛行士が出演し、ISS から見える宇宙の初日の出を地球に中継したり、地球の視聴者の映像メッセージを ISS に中継したり、宇宙と地球の双方向エンターテインメントを創っています。

また、複数の民間企業による「宇宙飛行士の訓練方法を活用した次世代型教育事業」との連携も実現しました。宇宙飛行士は、「異文化理解」「状況認識や意思決定、問題解決」「チームワークと集団行動」など、非常に幅広く望ましい行動と心構えが要求されます。これらは、急激で予測不能な変化をする現代において、自らの可能性を発揮し、よりよい社会の創り手となる人材の輩出に貢献するものです。こうした宇宙飛行士の訓練ノウハウを、全国の学校で活用するプログラムを推進しています。

Q どのような経緯で現在のお仕事をされているのでしょうか？

A 私はもともと宇宙機の開発エンジニアで、宇宙ステーションへの無人物資補給機「こうのとり」の研究開発、運用管制などを担ってきました。そして、2014 年〜 2017 年の米国ヒューストン（NASA ジョンソン宇宙センター）滞在期間中、ISS における各国との国際調整をしながら、米国の宇宙分野のさまざまな官民連携事業を目の当たりにしたのです。アメリカでは、民間の資金と技術により、宇宙ビジネス・宇宙ベンチャーが次々と立ち上がり、互いに競い合いながら宇宙産業を盛り上げていました。しかも、それは決して NASA と無縁に進めているのではなく、「NASA の技術やノウハウ」と「民間企業のアイディアやスピード感」がうまくシナジーを発揮するためのノウハウが、数多く存在していることを知りました。それらのノウハウは、「契約方法」「予算のつけ方」「技術開発の適用法」「アイディアの集め方」「失敗を許容する文化とルール」など、あげればキリがないほど存在します。当時の私は、そういった米国のすごさを痛感するとともに、日本の現状に対する危機感を強く感じ、日本の宇宙産業でも官民共創を実現するために、JAXA で新規事業創出の仕事に就いたのです。

Q このお仕事の大変なことや醍醐味は、どんなところですか？

A この仕事は、今までに世の中に存在しなかった、新しいものを生み出すことの連続です。だからこそ、もちろん苦労も大きいですが、それ以上のワクワク感があります。また、同じ組織・会社の中で進めるのではなく、ジャンルも専門性もまったく異なる人たちと、いろんなアイディアや技術をぶつけ合って共創して実現させていくプロセスに、大きなやりがいを感じています。さらに、宇宙産業は究極のフロンティア精神とともにあり、決まった答えがありません。そこで自ら答えを探索し、実現していく、ということこそが、この仕事の醍醐味と言えるかと思います。

Q 今後のお仕事の展望や、読者の方へのメッセージをお願いします！

A 皆さんが気づかないうちに、宇宙技術は日常のさまざまなシーンで活用されています。これからは、宇宙とは無縁の人の視点やアイディアが、ますます必要になってきます。ぜひ、われわれにいろんなアイディアをぶつけていただき、"宇宙が当たり前"の時代を見据えた、新しい世界を一緒に切り拓きましょう‼

第 5 章

日本⇔宇宙を結ぶ「宇宙港」。最高にイケてる街づくり!

地上の一大産業拠点、それが宇宙港

地上と宇宙を行き来することが増えれば、当然、そのためのターミナルが必要になります。それが、「宇宙港（スペースポート）」!

今後の経済の重要拠点として、世界各地で建設が始まっていますが、日本でもすでにいくつか準備が進められています。

宇宙港（スペースポート）とは何か？

宇宙と陸をつなぐところ。それが、"宇宙港（スペースポート）"。ロケットやスペースプレーンの離発着場のことです。

💡 みんなが宇宙に飛び立つところ

"宇宙へ飛び立つ港"を、"宇宙港（スペースポート）"と言います。要は、"空港（エアポート）の宇宙版"です。そして、これから当面の間、私たちが宇宙に行くには、垂直に発射するロケットか、滑走路から水平に離陸するスペースプレーンのいずれかになるでしょう。

宇宙港には2つのタイプがある

● 垂直型の宇宙港（従来型）

おなじみの"ロケット"を、打ち上げるための宇宙港。"ロケット射場"と呼ぶことも多いですが、最近は、その周辺の施設も含めた総称として、宇宙港（スペースポート）と呼ぶことが増えてきました。

● 水平型の宇宙港（近年型）

航空機同様、滑走路を加速し飛び立ち、そのまま宇宙空間まで、物（人工衛星）や人を送り込むための宇宙港。航空機の滑走路が活用できるので（一般に3000m以上必要と言われている）、通常の空港と併用も可能。

💡 空港と宇宙港を兼ねたポートの建設

　なお、近年開発が進んでいる水平離陸が可能なスペースプレーン
は、通常の空港の滑走路を利活用することができます。このため現在、
空港と宇宙港を兼ね備えた、エア＆スペースポートの構想が世界各国
で進みつつあります。

エア＆スペースポートなら、どこでも行ける!!

宇宙

海外

国内

　すでに、米国ではいくつものスペースポートが実現し、英国、イタ
リア、カナダ、UAE などで、次々と宇宙港（スペースポート）計画が
スタートしています。もちろん、日本でもこうした計画が進められて
います。

34

いつの時代も、港（ポート）は 国の最重要拠点！

21世紀、ビジネスの拠点は、「港（ポート）」→「空港（エアポート）」 →「宇宙港（スペースポート）」の時代へ！

陸と海を結ぶ拠点

① 港 ＝ ポート

陸と空

② 空港

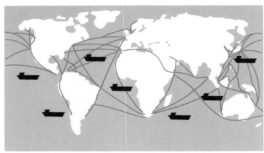

現在も需要は爆発的に増加
貿易による物流の大半が、海上輸送。
▶ 港（ポート）は物流の拠点！

現在も需要は爆
旅行・出張など
動の大半が、航
▶ 空港（エアポー

🔆 3つの港を制する国が、ビジネスを制す!?

陸を離れて遠隔地と結ぶ拠点である"港（ポート）"は、歴史的にも地政学的にも、超重要な拠点です。たとえばシンガポール。現在は、ハブ港・ハブ空港という好条件を活かすことで、貿易や金融などさまざまな産業の拠点になっています。

そしてこれからは、「宇宙港」の時代。宇宙港は、「港」「空港」に続く、地政学の要衝になるため、欧米はもちろんのこと、アジアや中東など、各国が誘致・実現に向けてしのぎを削っているのです。

ぶ拠点

アポート

陸と宇宙を結ぶ拠点

③ 宇宙港 ＝ スペースポート

増加
またぐ人の移

流と物流の拠点！

今後、需要は爆発的に増加
人工衛星輸送と人の宇宙輸送を行う宇宙船。
▶ 宇宙港（スペースポート）は人流と高速物流の拠点！

35

徹底チェック!!
世界の宇宙港と日本の宇宙港

社会インフラの最前線としての宇宙港。各国は、覇権を争うように、急ピッチで建設へと向かっています。まさにそれは、"宇宙地政学"!

💡 宇宙港は、21世紀のインフラ産業だ!

　いつの時代も、国の統治、世界の統治には、社会インフラが欠かせません。道をつくり、水と灌漑設備を整えて農業を行い、資源・エネルギーを確保するために、パイプライン・鉄道・海運・空輸のルートを整え、経済を回すことで、各国は影響力を拡大します。宇宙港は、この流れの最前線として、世界各地で建設が始まっています。

代表的なスペースポート

● **スペースポート・アメリカ**

米国ニューメキシコ州
（ヴァージン・ギャラクティックの宇宙旅行拠点）

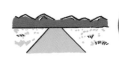

砂漠の真ん中!

● **ヒューストン・スペースポート**

米国テキサス州ヒューストン市
（全米第4位の都市）

宇宙産業の中心地

● **スペースポート・コーンウォール**

英国コーンウォール
（イングランド南西部）

2021年G7サミット開催地

日本は宇宙港に最強の立地

ロケットやスペースプレーンを打ち上げる場合、通常、東方向や南北が開けている必要があります。この条件に当てはまるエリアは地球上で限られており、日本は非常に有利な場所に位置していると言えます。

東と南が公海の日本は、打ち上げに最適!

世界スペースポートマップ

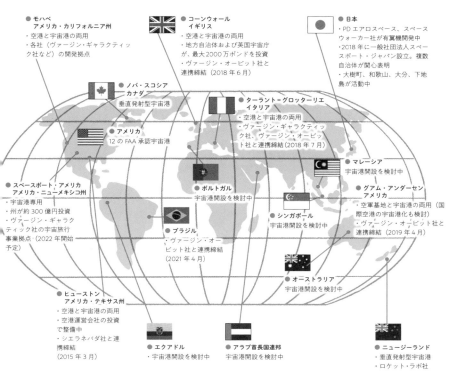

● モハベ
アメリカ・カリフォルニア州
・空港と宇宙港の両用
・各社(ヴァージン・ギャラクティック社など)の開発拠点

● コーンウォール
イギリス
・空港と宇宙港の両用
・地方自治体および英国宇宙庁が、最大2000万ポンドを投資
・ヴァージン・オービット社と連携締結(2018年6月)

● 日本
・PDエアロスペース、スペースウォーカー社が有翼機開発中
・2018年に一般社団法人スペースポート・ジャパンが関心表明。複数自治体が関心表明
・大樹町、和歌山、大分、下地島が活動中

● ノバ・スコシア
カナダ
垂直発射型宇宙港

● アメリカ
12のFAA承認宇宙港

● ターラント=グロッターリエ
イタリア
・空港と宇宙港の両用
・ヴァージン・ギャラクティック社、ヴァージン・オービット社と連携締結(2018年7月)

● マレーシア
宇宙港開設を検討中

● スペースポート・アメリカ
アメリカ・ニューメキシコ州
・宇宙港専用
・州が約300億円投資
・ヴァージン・ギャラクティック社の宇宙旅行事業拠点(2022年開始予定)

● ポルトガル
宇宙港開設を検討中

● シンガポール
宇宙港開設を検討中

● グアム・アンダーセン
アメリカ
・空軍基地と宇宙港の両用(国際空港の宇宙港化も検討)
・ヴァージン・オービット社と連携締結(2019年4月)

● ブラジル
・ヴァージン・オービット社と連携締結(2021年4月)

● オーストラリア
宇宙港開設を検討中

● ヒューストン
アメリカ・テキサス州
・空港と宇宙港の両用
・空港運営会社の投資で整備中
・シエラネバダ社と連携締結(2015年3月)

● エクアドル
・宇宙港開設を検討中

● アラブ首長国連邦
宇宙港開設を検討中

● ニュージーランド
・垂直発射型宇宙港
・ロケット・ラボ社

「スペースポートマップ」(Space Port Japan)を参考に作成

113

36

こんなに大きい
宇宙港の産業波及効果！

宇宙港（スペースポート）は今後、港や空港と同様に、街づくり・産業づくりの中心に。地上のあらゆるビジネスが変わる!?

💡 さまざまなビジネスを引き寄せる拠点

　宇宙港は建設したら終わりではありません。その産業波及効果は、電車・新幹線の駅や空港の場合と似ています。建設・不動産・通信などの産業に加えて、宇宙関係者や観光客のためのホテル・オフィス・飲食・観光、さらにはそこから派生するエンタメ・広告・アートまで多様な産業が参入することになります。

● 航空　　● 宇宙船　　● ロケット　　● 物流　　● オフィス

💡 街づくり・産業づくりの中心になる

　これからの時代、海運・空輸に加え、宇宙交通のハブ機能を担える
かどうかが、経済や文化の発展にとってカギになります。IR や MICE
のように、娯楽やエンタメ、国際会議や見本市などのビジネスイベン
トの中心地になるなど、宇宙港は、地域発展のキーファクターになる
可能性が大いにあると考えられます。

● 通信　　● 広告　　● アート　　● エンタメ　　● 商社

● ホテル　　● 飲食　　● 観光　　● 教育　　● 金融

● 不動産　　● 建設　　● 保険

37

"温泉×宇宙"の国際都市！
スペースポートシティ@大分

湧出量世界一の温泉と宇宙がコラボした、国際観光都市。ここから宇宙に向けて、小型衛星を飛ばす事業が始まろうとしています！

アジア初の水平型宇宙港を目指す、大分空港

　ヴァージン・オービットの就航が決まった大分空港。ヴァージン・オービットは、ロケットを装着した航空機が水平離陸した後、上空でロケットを発射して、小型衛星を宇宙空間に送り届ける会社です。大分空港は、①必要な長い滑走路があり、②海に面しており、③地元の工業・産業の基盤が厚いことが決め手となり、スペースポートとして選定され、準備が進められています。

大分県国東市にある既存の空港が変身！

海に開けた
3000mの滑走路を
持つ空港。
空港&宇宙港
として利用
可能に!?

温泉から国際大学まで、ユニークな立地を活かす

　大分には、温泉湧出量世界一を誇る別府温泉があり、観光資源が豊富です。また、世界数十カ国の留学生が学ぶ「立命館アジア太平洋大学（APU）」のある国際都市でもあります。これらを活かせば、今後大分を訪れる宇宙ビジネス関係者に対し、"働いて、遊べる"最高の環境がつくれるでしょう。また、今後、宇宙旅行ビジネスの誘致に成功すれば、「温泉旅行と宇宙旅行のミックス」という画期的な旅行のカタチを世界に提供することもできます。

秘湯と宇宙に浸かる「大分スペースポート」

小型衛星打ち上げ　衛星・ロケット整備場　衛星カメラ VR 体験　地元工場との連携

大分・食文化

洋上滑走路
安全性の高い海上航路
ヴァージン・オービット×
ANA ホールディングス

アジア初
水平型宇宙港

地元大学連携

三菱重工
衛星エンジン

宇宙開発
コワーキングスペース

宇宙関連教育

江戸時代の
宇宙研究者
三浦梅園

陸・海・宇宙の「港」

宇宙自治体

70か国以上の留学生

宇宙メディカル
ツーリズム

宇宙×就活

立命館アジア太平洋大学
（APU）

温泉ワーケーション

ホバークラフト

「スペースポートマップ」（Space Port Japan）を参考に作成

117

38

世界一美しい宇宙港！
スペースポートリゾート@下地島

サンゴ礁とコバルトブルーの海に囲まれた"絶景リゾート型スペースポート"で、"リゾートと宇宙のハイブリッド旅行体験"が可能に。

沖縄、宮古島からすぐにある絶景の地

宇宙旅行エアライン、PD エアロスペース社（ANA・HIS）のサブオービタル宇宙旅行で使用予定の、下地島空港。隣接する宮古島と伊良部大橋で結ばれた絶景です。ヴァージン・ギャラクティック社の宇宙旅行基地、スペースポート・アメリカのような、砂漠のど真ん中とは正反対。宮古島ステイなど、前後の体験も含めた"統合型宇宙旅行"が可能です。

ホテルライクな内装の下地島空港が拠点！

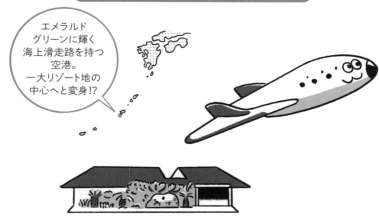

エメラルドグリーンに輝く海上滑走路を持つ空港。
一大リゾート地の中心へと変身!?

💡 エンタメ性抜群のゴージャスな旅行体験を！

　数十分〜１時間程度の"一瞬の宇宙旅行"を楽しむ「サブオービタル飛行旅行」は、"旅行"というよりも"アトラクション"に近い感覚かもしれません。ディズニーランドのテーマパークのように、宇宙旅行の前後の体験はもちろん、見送りに来た友人・家族なども含めた、立体的な旅行体験のサービスなどが考えられます。

世界で最も美しい!?「下地島スペースポート」

数万円〜
1億円まで、
さまざまな観光
プランが実現!

高度100km宇宙結婚式

宇宙旅行パブリックビューイング

超高級和食レストラン

無重力体験飛行

プライベートジェットで富裕層が来訪

ハイエンド宇宙ホテル

PDエアロスペース

アイランドホッピング

スペースラウンジ

世界一美しいスペースポートリゾート

世界一映えるスペースポート

マリンアクティビティ×宇宙

禅

長寿県

長寿食

プライベートビーチ

「スペースポートマップ」（Space Port Japan）を参考に作成

39

"宇宙版シリコンバレー"を目指す！
北海道スペースポート@大樹町

十勝・大樹町の大地で、垂直&水平統合型スペースポートとして整備が進む。将来は宇宙関連産業が集積する一大拠点に発展!?

🔵 アジア初、あらゆるプレイヤーに開かれたポート

急拡大する小型衛星の宇宙輸送需要に応えるため、小型で低価格のロケットをつくる、インターステラテクノロジズ。その射場としてすでに使用されているのがこのポートです。アジア初、世界中のプレイヤーが使用可能なポートでもあり、将来的には垂直発射・水平離陸の両方を備えた、一大宇宙産業の拠点となる可能性もあります。

打ち上げ見学で近年人気！

十勝平野の
海沿いに面した
スペースポート。
ロケット&スペース
プレーン打ち上げ
専用施設！

💡 宇宙人材の集積地になる可能性も

　垂直型のロケット打ち上げシーンには、高揚感や祝祭感があり、観光資源として大きなポテンシャルがあります。また、関連産業の実験施設、生産・加工場、シェアオフィスなどを整えることで、宇宙関連の企業・大学・政府・子どもたちなど、さまざまな宇宙関連人材が集まり、産業と観光が融合する街が誕生するかもしれません。

宇宙産業の拠点に!?「北海道スペースポート」

水平型・垂直型・気球の打ちあげも数多く

高い晴天率　十勝晴れ

ホンダジェットで道内周遊

打ちあげ見学者数日本一

とかち帯広空港

スペースウォーカー

丹頂鶴の暮らす研究施設

ロケットと海の見える ホテル・レストラン

産業視察ツアー

脱炭素

ニセコ スキーリゾート

ウイスキー

海産物・おいしい料理

インターステラテクノロジズ

バイオメタンを燃料に利用

地元の大学

35
35年の歴史 スペースポートの老舗

宇宙ベンチャーが集まる

サテライトオフィスや サテライトキャンパス

「スペースポートマップ」（Space Port Japan）を参考に作成

40

NYもロンドンも50分以内!?
都市型スペースポート

宇宙に人や物を運ぶだけじゃない！地上のどこかに超高速で移動や輸送を行えば、たちまち経済・文化の中心地に！

🎯 スペースポートの究極のカタチ！

地球上において、「高速二地点間輸送（P2P: point-to-point space travel）」が実現すれば、世界中どこでも2〜3時間程度、（垂直型なら30〜50分程度）の飛行で移動することが可能になります。そうなれば、宇宙港が空港にとって代わる可能性もあり、その影響力は計り知れません。

高速二地点間輸送の旅客機

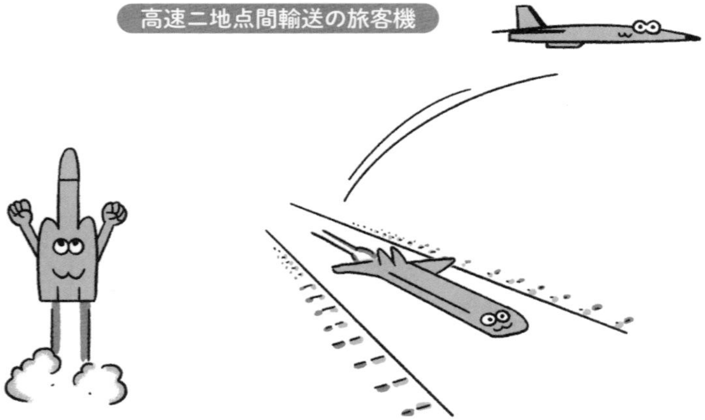

● 垂直型 P2P

スペースXが計画。
世界中を30〜50分飛行で結びます。

● 水平型 P2P（極超音速旅客機）

ボーイング、エアバス、JAXAなどが計画。
世界中を2〜3時間飛行で結びます。

都市から都市へ高速移動「首都圏スペースポート」

高速二地点飛行

世界中どこでも
2〜3時間前後で移動

宇宙便

NARITA
HANEDA
首都圏

羽田・成田空港
東京港との有機的な連携

防災拠点

日帰り海外出張・
海外旅行

スペースポートを介して
文化と経済の中心に

超高級食材市場

医療関係物資の
緊急輸送

全世界の超珍しい
品種を集めた花き市場

災害時や有事の
緊急物資輸送

MICEエリア×施設
超高級ホテル

自治体・漁業との
調整必要なし

地球の裏側
南米へも!!

自走できるリグ

海上モバイル型スペースポート

高級リゾート客船から
打ち上げ見学パーティー

洋上打ち上げ基地

「スペースポートマップ」(Space Port Japan) を参考に作成

　P2P は、人の高速移動はもちろんのこと、災害時・有事の際の緊急物資輸送や、医療関係物資・超高級食材・珍しい花の輸送まで、さまざまな用途に活用できます。こうした旅客機の離発着を行う宇宙港は、世界経済・文化の中心地となっていく可能性大です。

教えて！宇宙の仕事 ⑤

鬼塚慎一郎　宇宙エアライン

おにつか しんいちろう　ANA ホールディングス株式会社グループ経営戦略室事業推進部、宇宙事業チームリーダー。大学卒業後、エアライン系商社にて航空関連サービスの新規事業開発や航空機ファイナンスの組成、物流コンサルティングなどを手がける。現在は全社戦略の策定や特定領域における事業戦略実行支援、イノベーション関連投資、空港コンセッションなどに従事。

Q 宇宙エアラインって、何なのでしょうか？

A 目的地や経由地に"宇宙"を含めた、エアライン（航空会社）のことを指します。実は、「宇宙エアライン」というのは、今回のインタビューのために、名づけてみました（笑）。通常のエアラインは、東京⇔ハワイとか、東京⇔バンコク経由⇔アブダビなど、大気圏内を行き来します。それに対し、宇宙エアラインは、東京⇔宇宙とか、東京⇔宇宙経由⇔ NY など、目的地や経由地を大気圏外に拡大したものです。

Q そもそも、エアラインって、どんな仕事をしているのでしょう？

A エアラインの主な仕事は、航空機を①購入して、②運航して、③整備することです。エアラインは、ボーイングやエアバスなどの航空機メーカーから航空機を購入します。購入の際、座席や内装デザインなどに関してはこちらが決めるので、そこが他社との差別化ポイントとなります。そして航空機の

運航ルートは、基本的にニーズに基づいて決められます。ニーズとは、人の輸送ニーズと、貨物の輸送ニーズの両方です。実は、航空機の下半分は貨物輸送のスペースなんですね。だいたいの人は目的地を往復しますが、貨物は一方通行のため、とくにリゾート地の就航の際は、双方の貨物需要を見極めることが大事なポイントになります。そして、整備。何往復もする航空機は、安全運航のためには、確実なメンテナンスを行うことが非常に重要となります。そういった整備に関する有形無形のノウハウを蓄積し、実施しているのです。

Q 具体的に、宇宙エアラインとして何を行うのでしょう？

A 現在のエアライン（航空会社）は、地上から約 12km までの空中移動を経済域として、さまざまな移動ニーズに対応しています。しかし今後、宇宙を訪問・滞在する人の飛躍的増加に伴って、人を運ぶ、食料・衣服・資材などの物資を運ぶなどといったニーズが拡大する可能性があります。それを見据え、今後、エアラインは、大気圏

内にこだわらず、上へ上へと経済圏を拡大させるということは、むしろ必然的な戦略なのかもしれません。そういった考えに基づき、現在、ANAホールディングスとして、宇宙空間を範囲に入れた「物資の輸送」と「人の移動」の事業を推進しています。

Q たとえば、どんな事業なんでしょう？

A 「物資の輸送」は、ヴァージン・オービットという米国企業とパートナーシップを組んで、日本国内で、人工衛星を宇宙空間に輸送するサービスを開始するため、現在準備を進めています。すでに大分空港を発着地とすることを発表しました。目的地は宇宙ではあるものの、通常の空港を利用した物資輸送サービスは、もともとエアラインの業務なので、われわれのノウハウを活かすことができるでしょう。グループ会社として商社や物流会社も持っていますので、そういった機能とのシナジーも考えています。

「人の移動」に関しては、PDエアロスペースという日本の宇宙ベンチャーと資本提携し、サブオービタル宇宙旅行・宇宙輸送サービスの実現に向けて、宇宙機の開発を推進しています。私も現在、社外取締役として、同社の経営に参画しています。こちらは、沖縄の下地島空港を発着拠点とすることが、すでに発表されています。下地島は宮古島と橋でつながっており、とても素晴らしいリゾート地なので、宇宙旅行の発着基地としては、最高のポテンシャルを持っていると思います。そしてこの事業も、旅行体験全体のサービスを提供しているANAのノウハウを、最大限に発揮できるものと考えています。

Q このお仕事の大変なことや醍醐味は、どんなところですか？

A これから、人類の経済圏は、間違いなく宇宙空間へと拡がっていきます。これほど確実に未来が見えている分野なのにもかかわらず、参入している人がまだまだ少ない。なので、この領域に飛び込めば、その分野の第一人者になれるかもしれません。そして、やればやるほど、独走の状態で開拓することができるはずです。こういったことは、一見、夢を追いかけているようにも見えますが、実は、ちょっと先の現実的なビジネスを真剣に構築しているのです。20年前のインターネット業界のようなかんじでしょうかね。このように、ほぼ確実に訪れる将来に備え、さまざまな人たちと一緒に事業開拓するのは、何よりの醍醐味と言えるかと思います。

Q 今後のお仕事の展望や、読者の方へのメッセージをお願いします！

A 航空産業の黎明期に、「船ではなく、航空機で多くの人が移動するようになる」と、いったい何人の人が予想したでしょう？ しかし、実際に、そのような時代が現実のものとなりました。今後、航空産業が宇宙を範囲に入れる時代は、必ず来ると思います。それがいつになるのか、正確なことは言えません。でもそれは、皆さま次第かもしれません。そういった時代を望み行動を起こす人が増えるほどに、その時代の到来が早まるのだと思います。

第 6 章

宇宙旅行ビジネス、ついに本格稼働!

アフターコロナ時代の
ツーリズム

NY、パリ、ロンドン、リオデジャネイロ、世界のどこでも 50 分以内で行けるとしたら?
弾道飛行から月周回まで、宇宙旅行だってよりどりみどり! この 10 年で、私たちの旅行のカタチは大きく変わっていくことになるでしょう。

41

富裕層の海外旅行は、航空機から宇宙船へ

「え!? まだ大気圏の中を飛んでいるの? それ、遅くない?」。
高速二地点間輸送で、旅行・出張の距離感は大きく変わります。

🔋 世界中どこでも 3 時間以内で行ける!?

　高速二地点間輸送で、世界中どこでも 2 ～ 3 時間程度（垂直型なら 30 ～ 50 分程度）で移動するようなると、私たちの旅行や出張の距離感覚、時間感覚は今とはまったく異なるものになっていきます。

2040 年代　親子の会話

お母さんたち新婚旅行は飛行機に10時間乗ってロサンゼルスに行ったのよ

えー? 10時間以上ってヤバ!

今なら宇宙船で30分だよ

ひいおじいちゃんの「船で10日以上」は衝撃だったけどお母さんの「飛行機10時間」も相当だよね。

🔦 超高速の旅行や出張が当たり前の時代に

　移動手段の高速化が始まると、まずは、ファーストクラスやビジネスクラスの旅行や出張で利用が進んでいきます。スケールメリットが働いて、徐々に価格が下がれば、最終的に多くの長距離海外移動が、宇宙経由にとって代わる日がやってくるでしょう。

高速二地点間輸送は 2 パターン

「超音速」なら普通の飛行機の半分の時間！

「極超音速」なら世界のどこでも2〜3時間！

世界のどこでも30〜50分！

● **超音速旅客機**
JAXA、ボーイングなど

水平離陸型の旅客機で、滑走路のある普通の空港（宇宙港）から飛び立ちます。ビジネスジェットから旅客機まで種類はさまざま。

● **大型宇宙船**
スペース X

月や火星に 100 人程度の人を運ぶ大型宇宙船「スターシップ」で、海上スペースポートから垂直発射します。

● **移動時間が大幅短縮**

	航空機	宇宙船
東京 → シンガポール	7 時間 10 分	28 分
ロンドン → ニューヨーク	7 時間 55 分	29 分
ニューヨーク → パリ	7 時間 20 分	30 分
シドニー → シンガポール	8 時間 20 分	31 分
ロサンゼルス → ロンドン	10 時間 30 分	32 分
ロンドン → 香港	11 時間 50 分	34 分

スペース X 社の資料を参考に作成

これなら海外日帰り出張もラクラク！

　将来的に、宇宙経由の長距離高速移動が当たり前になると、大気圏内の空輸は、国内などの近距離移動と物流が中心になるかもしれません。いずれにせよ、今後、さまざまな変化が起こっていくことは間違いありません。

宇宙旅行パッケージ 「サブオービタル飛行（弾道飛行）」

数分間の宇宙体験を行う、超速旅行！ 老若男女が楽しめる、宇宙体験型 "超ハイスペックなアトラクション" です。

💡 手軽に宇宙滞在を楽しむ！ 宇宙旅行

　宇宙に行きたいけど、数カ月のトレーニングを受けて宇宙に行くのは面倒。ちょっと行ってみたいけど、さすがに 50 億円は高くて手が出ない。そんな人たちにピッタリなのが、サブオービタル飛行（弾道飛行）です。一気に高度を上げて宇宙に到達し、たった数分間の宇宙体験を行うフライトです。

2021 年 7 月、2 社の創業者が 9 日違いで体験済み！

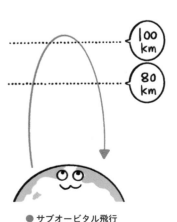

100 km

80 km

● サブオービタル飛行

● 7 月 11 日

ヴァージン・ギャラクティック社、リチャード・ブランソン氏ら合計 6 人

● 7 月 20 日

ブルー・オリジン社 ジェフ・ベゾス氏ら合計 4 人

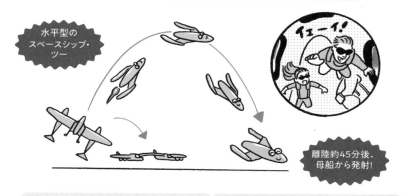

水平型の
スペースシップ・
ツー

イェーイ！

離陸約45分後、
母船から発射！

ヴァージン・ギャラクティック社のプランは、宇宙船を載せた母機が"滑走路から水平に"離陸し、高度15kmで切り離した宇宙船が、一気に宇宙空間まで飛び立って、無重力を体験。宇宙船は、ふたたび滑走路に水平着陸します。

垂直型の
ニューシェパード

全行程
「約10分」の
小旅行！

ブルー・オリジン社のプランは、完全自動運転のロケットで一気に宇宙に到達し、無重力を体験。人を乗せたカプセル部分は、パラシュートで着陸します。

　チケット代は、たったの3～5000万円！「え？高くない？」と思った皆さま、すみません。世界には、このチケットを買いたい人はかなり多く存在するため、販売するとすぐ売れてしまうのです。もちろん、長期的に見れば、価格は徐々に下がっていきます。

宇宙旅行パッケージ
「宇宙ホテル滞在旅行」

絶景を楽しむ、無重力を体験する、小さな重力アトラクションを堪能する…etc。宇宙ホテルで、最高の旅行体験を！

💡 ISSを活用した商業用宇宙ホテル

現在、アクシオム・スペース社によって、国際宇宙ステーション（ISS）をホテルとして利用する案が進んでいます。現在のISSは宇宙飛行士による実験場・仕事場なので、そこにホテルモジュールをドッキングする予定です。ISS引退の際は、ISSから切り離し、単独の宇宙ホテルとして独立する計画です。

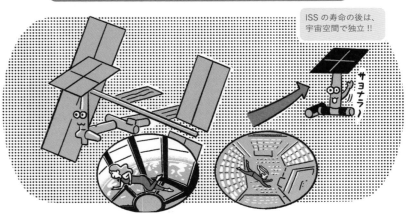

アクシオム・スペース社の宇宙ホテル計画（2022年〜）

ISSの寿命の後は、宇宙空間で独立!!

サヨナラ〜

ISSにホテル専用モジュールをドッキング

フィリップ・スタルク氏内装デザインのオシャレな宇宙ホテル

💡 楽しくてロマンチック。これぞ究極の宇宙ステーション!

　ゲートウェイ財団が計画するヴォイジャー・ステーションは、人類の夢を詰め込んだ究極の宇宙ステーションです。本体が回転することで、遠心力を発生させ、内部に重力と同じ効果をもたらします。とはいえ、地球よりも小さい重力なので、体重が軽くなり、その特性を活かしたスポーツやアトラクション、ホテル体験などを楽しむことができます。

ゲートウェイ財団のヴォイジャー・ステーション計画(2027 年〜)

各モジュールはテナントのようなもの。
"宇宙空間にある街"のような存在に!
・NASA や JAXA などの各国政府機関
・グーグル、ヴァージンなどの民間企業
・ヒルトン、マリオットなどのホテル
　　　　…などが入居するイメージ

小さい重力でエンタメ性抜群!

● ミュージカルや
　ディスコなどエンタメ

● バスケットコートなど
　スポーツ施設

● 絶景!!
　無重力デート

　今後は、地球に近接する宇宙空間に新たなステーションができていくかもしれません。今ある ISS にドッキングする堅実なプランから、ステーションをまるごとつくり上げる壮大なプランまで、その形態も規模もさまざまになりそうです。

44

宇宙旅行パッケージ「月周回旅行」

トップバッターは、ZOZO創業者、前澤友作氏の予定。月を周回する全行程5日間の本格的な宇宙旅行に出発!!

人類最後の月面着陸から半世紀、商業旅行が実現!? （＊2024年6月、計画中止を発表）

東西冷戦によって実現した人類月面着陸から約50年、ついに、商業用の月周回旅行が始まります。スペースXの月周回旅行を、日本の実業家前澤友作氏が、定員の9人分全席購入という、いわゆる月旅行の"大人買い"を行いました。チケット代の総額は公表されていませんが、7～800億円程度と言われています。

● イーロン・マスク＆前澤友作

月周回旅行のプラン

- 地球
- ② 地球の大気軌道へ（8分2秒）
- ① 打ち上げ
- ⑤ 大気圏再突入（5日22時間）
- ⑥ 着陸（5日23時間）
- ③ 月へ向けてエンジン噴射

🌙 同行する8名のクルーを世界で公募!

　そして、前澤氏が"大人買い"した月周回旅行のクルーは、全世界からの応募によって決めるという、驚きの方式となりました。「dear Moon」と名づけられたこのプロジェクトに、全世界249の国と地域から約100万人の応募がきています（2021年7月現在）。

YouTubeで公開中!!

候補者はこんな人たち

多才なバレエダンサー（オックスフォード物理学PhD）／写真家（ピューリッツァー賞2回受賞）／五輪スノボ金メダリスト／アーティスティックスポーツ選手／画家／天体写真家　／世界トップクラスDJ（スティーブ・アオキ）／欧州議会LGBTQ親善大使／フィルムメーカー／（カニエ・ウェストやマドンナの）振付師…etc.

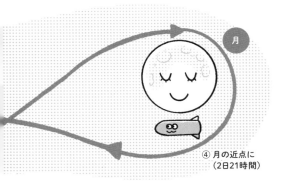

月

④ 月の近点に
（2日21時間）

「サンライズ」ならぬ「アースライズ」を見られるのが、醍醐味!!

　ここから生まれる、映画・音楽・写真・インスタレーションは、人類史上に残る最高峰のアートとなり、チケット代の7〜800億円以上の経済価値を持つ可能性も考えられます。希少な宇宙旅行は、個人の旅行体験以上のさまざまな価値を生み出すかもしれません。

45

宇宙エレベーターができれば、移動はラクラク!

もしも実現すれば、地球と宇宙の往復が劇的に簡単に! 人工衛星も宇宙船も、ここから投入することが可能になります。

💡 安全・簡単・低コストで、地球と宇宙を往復

　現在、地球の重力に抗って宇宙に出るためには、莫大なエネルギーが必要となります。実際、ロケットのほとんどは燃料で占められています。そこで、宇宙エレベーターという、地球と宇宙をエレベーター輸送でつなぐ構想があります。

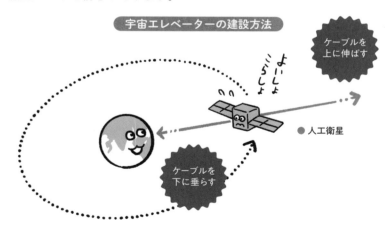

宇宙エレベーターの建設方法

ケーブルを上に伸ばす

よーいしょこらしょ

● 人工衛星

ケーブルを下に垂らす

「地球からエレベーターを積み上げる」のでなく、高度3万6千kmの静止衛星からケーブルを地球に垂らす独特の方式で建設。人工衛星を使って作業を進めます。引力と遠心力を釣り合わせるために、地球と反対側にもケーブルを伸ばしてバランスを取り、約10万km（地球2周分くらい）の長さのエレベーターをつくる予定です。

🔌 宇宙エレベーターは、めちゃくちゃ多機能!

　もしも実現すれば、宇宙に行くこと自体のハードルが劇的に下がります。さまざまな重力ポイントが存在するため、月や火星のための実験や、人工衛星や探査機の投入も容易になります。また、宇宙エレベーターの乗り場は、地球と宇宙を常時つなぐスポットとなるため、その付近の経済・産業への波及効果も計り知れません。

地上から宇宙へグングン伸びる

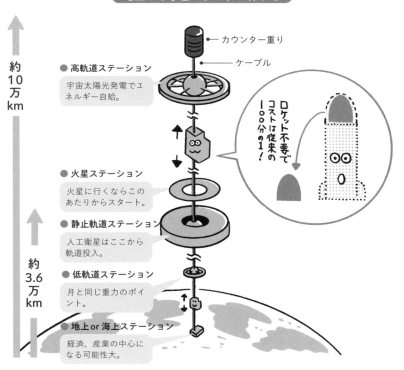

約10万km

● 高軌道ステーション
宇宙太陽光発電でエネルギー自給。

カウンター重り

ケーブル

ロケット不要でコストは従来の一〇〇分の1!

● 火星ステーション
火星に行くならこのあたりからスタート。

● 静止軌道ステーション
人工衛星はここから軌道投入。

約3.6万km

● 低軌道ステーション
月と同じ重力のポイント。

● 地上or海上ステーション
経済、産業の中心になる可能性大。

　もともと、単なる想像上のアイディアに過ぎなかったのですが、カーボンナノチューブの発見により、現実性が高まったと言われています。非常に難易度は高いものの、もし実現すれば、宇宙船中心の宇宙産業の構造がドラスティックに変わる可能性を秘めています。

教えて！宇宙の仕事 ⑥

田口秀之　　　宇宙船研究

たぐち ひでゆき　東京大学大学院修士課程修了。博士（工学）。三菱重工業において、ロケットエンジンの設計に従事。NAL（航空宇宙技術研究所）を経て、JAXAにおいて、太平洋を2時間で横断できる「極超音速旅客機」の研究を実施中。離陸からマッハ5まで連続作動する極超音速エンジンの運転実験に成功（世界初）。自分が設計した宇宙飛行機に乗って宇宙に行くことが人生の目標。

Q どんなお仕事をされてますか？

A JAXAで宇宙船の研究をしています。今はとくに宇宙飛行機の研究開発をしています。

Q 「宇宙飛行機」というのは、どのようなものなのでしょう？

A 一言でいうと、飛行機とロケットの両方の機能を兼ね備えた乗り物です。フライト方法は、普通の飛行機と同じようなスタイルで、空港から飛び立って宇宙まで行けます。それでいて、普通の旅客機のように「アメリカ」や「ヨーロッパ」など、地球上の移動にも利用できるのです。しかも日本からアメリカまで1〜2時間程度と高速です。航空業界がすでに巨大産業であることを考えると、宇宙に行くより、地球上の移動のほうが、ニーズが大きいんじゃないかと思います。

Q 具体的には、どのようなお仕事をされているのでしょう？

A 主に、宇宙飛行機の実験と解析です。なかでもとくに、エンジン開発が最大のポイントで、"マッハ5（音速の5倍）"の速さを実現する必要があります。通常の旅客機は、マッハ1未満なので、マッハ5がどれだけ速いか、おわかりいただけると思います。ロケットで宇宙に行く場合は、燃料の部分が大きすぎて、"物や人"の収容部分は少なくなってしまいます。しかし、私が開発している宇宙飛行機なら燃料の部分が小さいため、通常の旅客機のように、多くのお客さんを乗せることができるのです。

Q 仕事上、どのような会社や人と関わることが多いのでしょうか？

A われわれ研究者が行う、設計・組立・実験は本当にさまざまです。そして、それに必要な、高度な部品の多くは、日本の中小企業の高度な技術に支えられています。また、エアバスなどの海外メーカーとの共同研究を通じて、将来の事業化を検討しています。現業では競合するような会社・機関どうしが連携することで、新しい産業を切り拓いています。

Q このお仕事の大変なことや醍醐味は、どんなところですか？

A 実は、現在の研究を始めたキッカケは、妻との会話なのです。前職では、宇宙ロケット開発を行っていましたが、あるとき妻が「私は宇宙なんて行きたくない。それより、ヨーロッパに早く行きたい」と言ったのです。それから私は、宇宙と海外のどちらにも行ける、宇宙飛行機の実現を考えるようになりました。もう、30年も前のことです（笑）。ところが当時は、宇宙飛行機に本気で取り組んでいる研究者は少なかったので、まずは宇宙飛行機に使用できる極超音速エンジンの理論を構築し、論文を執筆しました。そして、その理論を具体化するためにイギリスに留学したのですが、その際に、ロールスロイスのジェットエンジンの研究者に、「超音速旅客機のジェットエンジンをつくった経験もない日本が、宇宙飛行機のエンジンを実現できるわけがない」と言われたのです。私は、その言葉によって逆に気持ちに火がついて、帰国後、JAXAで極超音速エンジンの実験を開始しました。最初は失敗の連続でしたが、何年もかけて改良に改良を重ね続けて、ついに理論通りのエンジンを完成させ、世界に認められることとなりました。現在は、国内外のメーカーと事業化に向けてさまざまな連携を進めています。こんなふうに、一見、不可能と思えることも、"自分の理論を信じ、困難を乗り越えて実現する"これこそがこの研究の醍醐味ですね。まぁ、苦労の連続ではありますが（笑）。

Q 今後のお仕事の展望や、読者の方へのメッセージをお願いします！

A 現在、日本からアメリカやヨーロッパに行くためには、旅客機で10時間以上かかりますが、宇宙飛行機が実現すると、1〜2時間で行けるようになります。そうなると、海外旅行や海外出張などのあり方が大きく変わり、世界的な経済の発展に貢献できるのではないかと思っています。ファーストクラスやビジネスクラスのユーザーの方々には、ぜひ宇宙飛行機を使ってもらいたいですね。アメリカでは、大統領専用機「エアフォースワン」として極超音速旅客機を開発する検討が行われているそうです。また、われわれが開発している極超音速エンジンは、水素を燃料としています。水素は、再生可能エネルギーの余剰電力と水からつくり出すことができ、エンジンで燃焼することで、また水へと還っていきます。水素を燃料とする極超音速エンジンの技術は、エンジン以外のさまざまな分野にも応用できます。つまり、これをきっかけに、循環型エネルギーの実現も可能になるのです。このような、夢のある未来は、一人の力で実現することはできません。業界・業種の壁を越え、ぜひ皆さんと一緒に、未来を実現していきたいですね!!

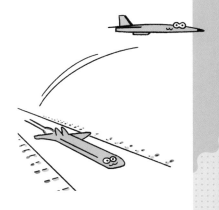

おわりに

　最後までお読みいただき、ありがとうございます。もしくは、イラストを中心に読み飛ばした方でも、宇宙ビジネスの輪郭がザックリと見えたのではないでしょうか。

　この本は、「宇宙へのロマン」がない方でも興味が持てるように、「宇宙産業は、いったい何のために、どういう経緯で成り立っているのか？」を明らかにしながらも、幅広い領域を網羅しつつ超ザックリと描きました。

　2015年秋、私は、アラブ首長国連邦（UAE）のアブダビで開催された、世界最大級のエネルギー展示会の会場にいました。当時は、日本の石油権益確保という資源エネルギー外交に携わっており、その展示会で「資源エネルギーのための宇宙技術」というパビリオンの責任者を務めていました。読者の皆さまから見ると、なんとも異次元な世界かもしれませんが、私はその機会を通じて、たまたま「宇宙産業と別の産業を結びつける」役割を担ったのです。

　その後、縁があって、一般社団法人 Space Port Japan（スペースポート・ジャパン）の創業に携わることになり、今度は、スペースポート（宇宙港）という「宇宙と地上の結節点を生み出す」役割を担うことになりました。このようにして、私は図らずも、「宇宙と無縁の人に、宇宙を紹介する」ことを、数多く手がけるようになりました。

　これらの経験を通じて、私は「これからの宇宙産業は、他のいろんな産業とつながって、やがて境界線がなくなっていくのではないか」と考えるようになりました。それはまるで、21世紀初頭、インターネットがさまざまな産業とつながって、すべてを飲み込んでいった姿と重なるものがあります。

　宇宙空間とは、上空100kmを超えたところを指しますが、それは、1つの県を超えるくらいの距離感に過ぎません。今後、宇宙空間へのアクセスが容易になると、上空100kmの境界線を意識することすらなくなり、やが

て「宇宙ビジネス」という言葉もなくなっていくかもしれません。すでに「インターネットビジネス」という言葉が廃れてきたように。

　まさにそれこそが、「グローバル時代」から「ユニバーサル時代」へと、移行することに他なりません。そして、皆さま一人ひとりが、仕事や生活の中で、普通に宇宙と行き来し、普通に宇宙とやりとりする時代が来ることでしょう。

　本書を執筆するにあたり、一般社団法人 Space Port Japan および関係者の皆さまに、多大なるご協力をいただいたこと、この場を借りて御礼申し上げます。また、こういった素晴らしい機会を与えていただき、かつ最後まで伴走していただいた、すばる舎編集部の原田知都子様、イラストレーターの前田はんきち様、デザイナーの岩永香穂様、八木麻祐子様、そしてご協力いただいたすべてのスタッフの皆さまに、心より感謝申し上げたいと思います。

　そして、本書を読まれている皆さまに、これを機会に少しでも宇宙ビジネスに興味を持っていただき、何かのお仕事でご一緒できることを楽しみにしています。そして、皆さま、ぜひ宇宙で逢いましょう！

　と、締めたいところですが、実は私、高所恐怖症で宇宙に行く勇気はまだないので、いつの日か、皆さまの後から、おそるおそる宇宙について行きたいと思います（笑）。

2021 年 10 月 10 日
北海道十勝の空を見上げながら

著者

索引

【あ行】

アームストロング，ニール……………35
アクシオムスペース………75, 88, 132
アクセルスペース…………………89, 97
アストロスケール…………………57, 89
アポロ計画…………………31, 34-35,
アマゾン………………………88, 97
アリアンスペース…………………86, 100
アルテミス計画…………41, 52-53, 101
インターステラテクノロジズ……89, 120
ヴァージン・オービット……88, 101, 116
ヴァージン・ギャラクティック…59, 74, 80, 88,
101, 112,
130-131
ウィリアムスン，ジャック……………54-55
ヴェルヌ，ジュール…………………28, 55
ヴォイジャー・ステーション……………133
宇宙インターネット………66-67, 96-97
宇宙エレベーター…………………136-137
宇宙軍…………………………………40
宇宙港（スペースポート）…108-109, 110-123
宇宙工場……………………………70-71
宇宙ゴミ（スペースデブリ）………56-57, 89
宇宙資源エネルギー……………41, 53, 72-73,
宇宙ステーション……37, 38-39, 40-41, 50-51,
52-53, 77, 132-133
宇宙損害保険……………………78, 82
宇宙飛行士………33, 35, 42, 50, 132
宇宙ビッグデータ……68-69, 79, 95, 97
宇宙ホテル…………50-51, 75, 132-133
宇宙マネー……………………60, 78-79
宇宙旅行…74, 101, 116-123, 124-125, 128-135
エアバス……………………………86
衛星放送………………………90-91
オービタル・インサイト……………88, 97
オリオン［宇宙船］……………………52
オルティーグ賞…………………………58
オルドリン，バズ………………………35

【か行】

ガガーリン，ユーリ………………31, 33
火星探査………36, 41, 54-55, 65, 77
川崎重工業……………………………87

クルーズ，トム…………………………51
クルードラゴン………………………100
ゲートウェイ［月軌道プラットフォーム］………41,
52-53
ゲートウェイ財団……………………133
ケネディ，ジョン・F……………34, 49
高速二地点間輸送（P2P）…122-123, 128-129
国際宇宙ステーション（ISS）………38-39, 40-41,
50-51, 77, 132
極超音速旅客機…………122, 129, 138-139
ゴダード，ロバート……………………29
コロリョフ，セルゲイ……………………31
コンステレーション……………………96-97

【さ行】

サブオービタル飛行………59, 74, 99, 118-119,
130-131
下地島空港［スペースポート］………118-119
人工衛星……32, 48-49, 50, 56-57, 70, 77, 86,
90-97, 100-101
人工流れ星………………………81, 89
水素活用……………41, 53, 73, 103
スカパー！………………………………91
スカパーJSAT…………………………57
スターシップ………………………101, 129
スターリンク……………………………97
スプートニク………………31, 32-33
スペースX………41, 54, 65, 74-75, 88, 97, 99,
100-101, 129, 134
スペースウォーカー………………………89
スペースシップ・ツー………………100, 131
スペースシップ・ワン……………………59
スペースシャトル………37, 38, 42, 46
スペースデブリ（宇宙ゴミ）………56-57, 89
スペースBD……………………………89
スペースプレーン………99, 100-101, 108-109,
112-113, 138-139
スペースポート（宇宙港）…108-109, 110-123
スペースポート大分………………116-117
測位衛星…………………………49, 92-93
ソフトバンク……………………………97
ソユーズ………………………………100
孫正義……………………………………97

【た行】

地球観測衛星 ·················· 49, 94-95, 97
地球周回旅行 ······························ 74
地政学 ··················· 110-111, 112-113
ツィオルコフスキー，コンスタンチン ············ 29
通信・放送衛星 ······················ 49, 90-91
月周回旅行 ················ 75, 101, 134-135

【な・は行】

ニューシェパード ························ 100, 131
ファルコン9 ·························· 99, 100
フェアリング ·································· 76
ブラウン，フォン ·························· 30-31
プラネット・ラボ ···························· 97
ブランソン，リチャード ············· 74, 130-131
ブルー・オリジン ········· 74, 88, 101, 130-131
プロジェクト・カイパー ························ 97
ペイロード ································· 70
ベゾス，ジェフ ············· 74, 88, 97, 130-131
ペレシド，ユリア ····························· 51
ベンチャーキャピタル（VC）················ 60, 78
ボーイング ································· 86
北海道スペースポート（HOSPO）············ 120

【ま行】

前澤友作 ············· 51, 74-75, 100, 134-135
マスク，イーロン ················ 54, 88, 97, 134
街づくり ················· 114-115, 116-123
みちびき ······························ 92-93
三菱重工業 ························· 87, 100
三菱電機 ································· 87

【ら・わ行】

リモートセンシング ··············· 49, 94, 96-97
リンドバーグ，チャールズ ···················· 58
冷戦 ················ 31, 32-33, 34-35, 38
ロケット ··· 29, 30, 76-77, 86-87, 98-99, 100-101,
108, 138-139
ロケット・ラボ ························ 88, 101
ロッキード・マーティン ······················ 86
惑星探査 ······························ 36, 49
ワンウェブ ··························· 88, 97

【アルファベット】

ALE（エール）························· 81, 89
BS ·································· 90, 91
CS ·································· 90, 91
DARPA（ダーパ）···························· 47
dear Moon ······························ 135
EV車（電気自動車）························· 103
FCV車（燃料電池自動車）····················· 103
GITAI（ギタイ）···························· 89
GPS ···························· 49, 92-93
HAKUTO ····························· 59, 89
H-IIAロケット（エイチツーエイロケット）········ 100
IHIエアロスペース ························ 100
ISS（国際宇宙ステーション）38-39, 40, 50-51, 64,
70, 75, 132
JAXA（ジャクサ）······················ 52, 87
NASA（ナサ）··················· 46-47, 52-53
NEC ································· 87
NHK ································· 93
P2P（高速二地点間輸送）········· 122-123, 128-129
PDエアロスペース ················ 74, 89, 118
Ridge-i（リッジアイ）······················ 89
SF小説 ······················ 28, 54, 55
ispace（アイスペース）···················· 59, 89
Synspective（シンスペクティブ）················ 97
V2ロケット ··························· 30-31
Xプライズ ······················ 58-59, 89

参考文献

- 小野雅裕『宇宙の話をしよう』（SB クリエイティブ）2020 年
- 渡辺勝巳著、JAXA 協力『完全図解・宇宙手帳　世界の宇宙開発活動「全記録」』（講談社ブルーバックス）2012 年
- NEC「人工衛星」プロジェクトチーム『人工衛星の"なぜ"を科学する　だれもが抱く素朴な疑問にズバリ答える！』（アーク出版）2012 年
- 小泉宏之『人類がもっと遠い宇宙へ行くためのロケット入門』（インプレス）2021 年
- 『これからはじまる宇宙プロジェクト 2019-2033』（エイムック）2019 年
- 『宇宙プロジェクト開発史大全』（エイムック）2020 年
- 佐藤靖『NASA―宇宙開発の 60 年』（中公新書）2014 年
- 石田真康『宇宙ビジネス入門　NewSpace 革命の全貌』（日経 BP）2017 年
- 大貫美鈴『宇宙ビジネスの衝撃　21 世紀の黄金をめぐる新時代のゴールドラッシュ』（ダイヤモンド社）2018 年
- 齊田興哉『宇宙ビジネス第三の波　NewSpace を読み解く』（日刊工業新聞社）2018 年
- 第一東京弁護士会編『これだけは知っておきたい！ 弁護士による宇宙ビジネスガイド』（同文舘出版）2018 年
- 的川泰宣監修『図解ビジネス情報源　入門から業界動向までひと目でわかる　宇宙ビジネス』（アスキー・メディアワークス）2011 年
- 鈴木一人『宇宙開発と国際政治』（岩波書店）2011 年
- 大貫剛『ゼロからわかる宇宙防衛　宇宙開発とミリタリーの深〜い関係』（イカロス出版）2019 年
- デイヴィッド・ミーアマン・スコット著、リチャード・ジュレック著、関根光宏訳、波多野理彩子訳『月をマーケティングする　アポロ計画と史上最大の広報作戦』（日経 BP）2014 年
- 山崎直子『夢をつなぐ　山崎直子の四〇八八日』（角川書店）2010 年
- 山崎直子『宇宙飛行士は見た　宇宙に行ったらこうだった！』（repicbook）2020 年
- 野口聡一、矢野顕子、林公代『宇宙に行くことは地球を知ること 「宇宙新時代」を生きる』（光文社新書）2020 年
- 立花隆『宇宙からの帰還』（中公文庫）1985 年
- 堀江貴文『ホリエモンの宇宙論』（講談社）2011 年
- 堀江貴文『ゼロからはじめる力　空想を現実化する僕らの方法』（SB クリエイティブ）2020 年

片山俊大（かたやま・としひろ）

●一般社団法人 Space Port Japan（スペースポート・ジャパン）共同創業者＆理事。早稲田大学大学院修士課程（経済学）修了後、株式会社電通入社。セールスプロモーション、メディアマーケティング、クリエーティブ、コンテンツビジネス等、幅広い領域のプロジェクトに従事。その後、化粧品メーカー・総合電機メーカーのアカウント担当後、日本政府・地方公共団体のパブリック戦略担当を歴任。

●2015年より、日本とUAEの宇宙・資源外交に深く携わったことをきっかけに、宇宙関連事業開発に従事。専門分野は「広告・PR領域全般」「新規事業創造」「M&A」「公共戦略／官民連携推進」「エンタメ・コンテンツ戦略」等。

●現在は、上記の幅広い知見を活かし、講演・ワークショップ等を多数行っている。複雑なビジネス環境／社会状況を読み解き単純化することで、異なる産業の橋渡しをするプロジェクトを、数多く扱っている。

取材協力　一般社団法人 Space Port Japan（スペースポート・ジャパン）
https://www.spaceport-japan.org

超速でわかる! 宇宙ビジネス

2021年 11月 18日　第1刷発行
2024年 9月 30日　第3刷発行

著　者───────片山 俊大
イラスト──────前田 はんきち
ブックデザイン────岩永 香穂（MOAI）
本文デザイン・組版─八木 麻祐子（Isshiki）
発行者───────徳留 慶太郎
発行所───────株式会社すばる舎
　　　　　　　　　〒170-0013 東京都豊島区東池袋 3-9-7 東池袋織本ビル
　　　　　　　　　TEL 03-3981-8651（代表）　03-3981-0767（営業部）
　　　　　　　　　FAX 03-3981-8638　URL http://www.subarusya.jp/
印　刷───────株式会社光邦